實戰智慧叢書 422 李仁芳 策劃

葛洛夫給經理人的第一課

從煮蛋、賣咖啡的早餐店談高效能管理之道

High Output Management

Andrew S. Grove 著
巫宗融 譯

實戰智慧叢書 422

葛洛夫給經理人的第一課

從煮蛋、賣咖啡的早餐店談高效能管理之道

（原實戰智慧叢書 H1211《英代爾管理之道》）

作　　者——安德魯・葛洛夫（Andrew S. Grove）
譯　　者——巫宗融

責任編輯——鄭俊平、盧珮如
封面設計——唐壽南
財經企管叢書總編輯——吳程遠
出版一部總編輯暨總監——王明雪
策　　劃——李仁芳博士

發 行 人——王榮文
出版發行——遠流出版事業股份有限公司
臺北市 100 南昌路二段 81 號 6 樓
郵撥／0189456-1　　傳眞／2392-6658
電話／2392-6899
著作權顧問——蕭雄淋律師
法律顧問——董安丹律師
製　　版——中原造像股份有限公司
2005 年 4 月 10 日　初版一刷　2013 年 12 月 1 日　二版一刷
行政院新聞局局版臺業字第 1295 號
新台幣售價 300 元（缺頁或破損的書，請寄回更換）

ISBN 978-957-32-7310-3

YLib 遠流博識網　**http://www.ylib.com**　　**E-mail: ylib@ylib.com**

出版緣起

王榮文

在此時此地推出《實戰智慧叢書》，基於下列兩個重要理由：其一，臺灣社會經濟發展已到達了面對現實強烈競爭時，迫切渴求實際指導知識的階段，以尋求贏的策略；其二，我們的商業活動，也已從國內競爭的基礎擴大到國際競爭的新領域，數十年來，歷經大大小小商戰，積存了點點滴滴的實戰經驗，也確實到了整理彙編的時刻，把這些智慧留下來，以求未來面對更嚴酷的挑戰時，能有所憑藉與突破。

我們特別強調「實戰」，因爲我們認爲唯有在面對競爭對手強而有力的挑戰與壓力之下，爲了求生、求勝而擬定的種種決策和執行過程，最值得我們珍惜。經驗來自每一場硬仗，所有的勝利成果，都是靠著參與者小心翼翼、步步爲營而得到的。我們現在與未來最需要的是腳踏實地的「行動家」，而不是缺乏實際商場作戰經驗、徒憑理想的「空想家」。

我們重視「智慧」。「智慧」是衝破難局、克敵致勝的關鍵所在。在實戰中，若缺乏智慧的導引，只恃暴虎馮河之勇，與莽夫有什麼不一樣？翻開行銷史上赫赫戰役，都是以智取勝，才能建立起榮耀的殿堂。孫子兵法云：「兵者，詭道也。」意思也明指在競爭場上，智慧的重要性與不可取代性。

《實戰智慧叢書》的基本精神就是提供實戰經驗，啓發經營智慧。每本書都以人人可以懂的文字語言，綜述整理，爲未來建立「中國式管理」，鋪設牢固的基礎。

遠流出版公司《實戰智慧叢書》將繼續選擇優良讀物呈獻給國人。一方面請專人蒐集歐、美、日最新有關這類書籍譯介出版；另一方面，約聘專家學者對國人累積的經驗智慧，作深入的整編與研究。我們希望這兩條源流並行不悖，前者汲取先進國家的智慧，作爲他山之石；後者則是強固我們經營根本的唯一門徑。今天不做，明天會後悔的事，就必須立即去做。臺灣經濟的前途，或亦繫於有心人士，一起來參與譯介或撰述，集涓滴成洪流，爲明日臺灣的繁榮共同奮鬥。

這套叢書的前五十三種，我們請到周浩正先生主持，他爲叢書開拓了可觀的視野，奠定了紮實的基礎；從第五十四種起，由蘇拾平先生主編，由於他有在傳播媒體工作的經驗，更豐實了叢書的內容；自第一一六種起，由鄭書慧先生接手主編，他個人在實務工作上有豐富的操作經驗；自第一三九種起，由政大科管所教授李仁芳博士擔任策劃，希望借重他在學界、企業界及出版界的長期工作心得，能爲叢書的未來，繼續開創「前瞻」、「深廣」與「務實」的遠景。

策劃者的話

企業人一向是社經變局的敏銳嗅覺者，更是最踏實的務實主義者。

九〇年代，意識形態的對抗雖然過去，產業戰爭的時代卻正方興未艾。

九〇年代的世界是霸權顛覆、典範轉移的年代：政治上蘇聯解體；經濟上，通用汽車（GM）、IBM虧損累累——昔日帝國威勢不再，風華盡失。

九〇年代的台灣是價值重估、資源重分配的年代：政治上，當年的嫡系一夕之間變偏房；經濟上，「大陸中國」即將成爲「海洋台灣」勃興「鉅型跨國工業公司（Giant Multinational Industrial Corporations）的關鍵槓桿因素。「大陸因子」正在改變企業集團掌控資源能力的排序——五年之內，台灣大企業的排名勢將出現嶄新次序。

企業人（追求筆直上昇精神的企業人！）如何在亂世（政治）與亂市（經濟）中求生？

外在環境一片驚濤駭浪，如果未能抓準新世界的砥柱南針，在舊世界獲利最多者，在新世界將受傷最大。

李仁芳

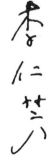

亂世浮生中，如果能堅守正確的安身立命之道，在舊世界身處權勢邊陲弱勢者，在新世界將掌控權勢舞台新中央。

《實戰智慧叢書》所提出的視野與觀點，綜合來看，盼望可以讓台灣、香港、大陸，乃至全球華人經濟圈的企業人，能夠在亂世中智珠在握、回歸基本，不致目眩神迷，在企業生涯與個人前程規劃中，亂了章法。

四十年篳路藍縷，八百億美元出口創匯的產業台灣（Corporate Taiwan）經驗，需要從產業史的角度記錄、分析，讓台灣產業有史爲鑑，以通古今之變，俾能鑑往知來。

《實戰智慧叢書》將註記環境今昔之變，詮釋組織興衰之理。加緊台灣產業史、企業史的紀錄與分析工作。從本土產業、企業發展經驗中，提煉台灣自己的組織語彙與管理思想典範。切實協助台灣產業能有史爲鑑，知興亡、知得失，並進而提升台灣乃至華人經濟圈的生產力。

我們深深確信，植根於本土經驗的經營實戰智慧是絕對無可替代的。另一方面，我們也要留心蒐集、篩選歐美日等產業先進國家，與全球產業競局的著名商戰戰役，與領軍作戰企業執行首長深具啓發性的動人事蹟，加上本叢書譯介出版，俾益我們的企業人汲取其實戰智慧，作爲自我攻錯的他山之石。

追求筆直上昇精神的企業人！無論在舊世界中，你的地位與勝負如何，在舊典範大滅絕、新秩序大勃興的九○年代，《實戰智慧叢書》會是你個人前程與事業生涯規劃中極具座標參考作用的羅盤，也將是每個企業人往二十一世紀新世界的探險旅程中，協助你抓準航向，亂中求勝的正確新地圖。

【策劃者簡介】

李仁芳教授，一九五一年生於台灣台北。曾任行政院文建會政務副主委、經濟部創意生活產業計畫召集人、兆豐第一創業投資股份有限公司董事、政大科管所所長、輔仁大學管理學研究所所長、企管系系主任；現為政治大學科管智財研究所教授，專長領域為創意產業經營與創新管理、組織理論，著有《創意心靈》、《管理心靈》、《7-ELEVEN縱橫台灣》等專書；並擔任台灣創意設計中心董事、立達國際電子股份有限公司董事、行政院國發基金創業投資審議委員、中華民國科技管理學會院士等社會服務職務。

導讀推薦

葛洛夫教你高產出管理

李仁芳（政大創新管理教授）

大部分頂尖商學院的課程設計都是用來培訓高階經理人。但是對身負承上啓下（Middle-Up-Down）職責；擔任組織中流砥柱任務的中階直線主管（Middle Line）與功能支援幕僚等中階經理人而言，卻少見如《葛洛夫給經理人的第一課》這本經典名著，能帶給中階經理人如此深具豐富的實例教案，處處閃爍葛洛夫實戰管理智慧與洞見的教戰手冊。

英特爾雖是DRAM半導體領先開發始祖，但後來不敵日本Toshiba、NEC等後進廠家的進攻，葛洛夫曾在一九八四年召開記者會，揮淚宣布英特爾退出DRAM業務競爭。產業史家稱此役爲二次戰後美日太平洋工業大戰，日本大勝的第二役。（第一役是以電視機爲母艦的消費性電子產業聯合艦隊大對決，美國以RCA電視爲首的聯合艦隊全軍覆亡，屍骨無存。迄今北美無任何消費性電子大品牌倖存，全軍被日本人族誅滅種。）

正因爲八〇年代經歷過如此慘烈，如此驚心動魄的太平洋工業大戰，英特爾此後在產品技術的研發創新上不遺餘力，以多波段多層次的創新特遣隊推出一波段又一波段的「X八六CPU」（指X八六架構的電腦中央運算處理器）核心產品系列，配合綿密強韌的產品創新開發能力，以絕無留情（Relentless）的強悍多波段攻擊，用「產品海」戰術淹沒整個戰場平原，佔領每一個市場空隙，瓦解敵人的戰鬥意志，使敵人幾無喘息空間。

除了竭力精進，絕不留情的多波段產品創新外，八〇年代以後，英特爾對管理與組織流程的精進也不敢掉以輕心。杜拉克曾經說：「管理可以學習，但很難教導。」意思是經理人的自我啓發是非常重要的。「管理學」又不像「行銷」、「財務」……等具體性功能領域，本身的原則與觀念相當抽象。

不斷自我精進的經理人

但葛洛夫本身有深厚經營管理實戰經驗，又從基層工程師做起，他不只會「用腦思考」，也實事求是，劍及履及，懂得「用手思考」。在此書中討論「會議技巧」、「激勵」、「培訓之道」、「找人與留人」……等攸關中階經理人事業績效表現的實戰戰鬥技術，葛洛夫成竹在胸，娓娓道來，都是具體（案例）的解悟與抽象（概念）的解悟交錯並行。

本書的論述行文，「理中有事，事中有理；即事言理，理必在事。」雖然葛洛夫也在史丹福大學與柏吉曼（Robert Burgelman）教授合開策略管理課程，本身是十足成色的一流名校大牌教授。夫子論道，當行出色，自然是有板有眼。但更值得讀者寶貴珍惜的，是他數十年在英特爾這種世界一流公司的管理實戰經驗所淬煉出來的管理智慧，不時在書中字裡行間閃爍。

像他所提出的「混血型組織」與「雙重報告」體制，都不是一般缺乏組織實踐工作經驗的人講得出來的觀點，而是一位睿智的工程技術專才與科技博士二十年組織管理經驗的心得。

IC界都向他學習

而提到高科技事業對「科技專才」管理的頭痛問題，葛洛夫的見解與作法，事實上已被全世界的IC製造雙雄——台積電與聯電完全照單接納學習。他說：「這群科技專才可以解決他們的上司無法協助解決的問題，技術方面的管理並不一定要設一位『科技總經理』，運用『同儕團體』也可以有同樣的效果。這群製造經理們在雙重報告的架構中，便需要向其『個別的事業群總經理』以及以同儕爲主組成的『科技製造委員會』報告。」（請見本書第九章〈雙重報告〉）

明眼的讀者到此，自然會發出恍然大悟的微笑。原來台積電、聯電組織體制上，跨越各廠間的「黃光」、「擴散」、「爐管」、「侵蝕」……等各技術委員會（Technical Boards）的源起就是這麼來的。

「侵蝕」技術委員會中各廠的侵蝕製程專家定時聚會，「討論一些最近發生的技術問題，並發現這些問題其實有很多相似之處」。相關侵蝕製程的創新性配方（Recipe）就在此技術委員會討論驗證，並上傳到公司的「工程技術知識管理系統」（Engineering Knowledge Management）。今天管理界流行的「知識管理」作爲，葛洛夫於一九八三年此書出版前就在英特爾大力推動了呢！

管理方法領先潮流

總之，葛洛夫這本書裡的論述，領先潮流風向，管理觀念極爲前瞻。他的許多做法，也極符合後來發展的管理理論。如他在本書第五章〈不揮舞權杖的決策〉裡宣揚的：「我們希望決策是由離問題最近，而且最了解問題的人來制定。」這完全是後來「管理雙權理論——知識權與管理權合一」的領先實務先聲。

而在本書新版，葛洛夫對「後 e-mail」時代的組織管理實務，也提供了敏銳精準的觀察與洞見。他說，「後 e-mail」時代將更是一個「時基競爭」（Time-Based Competition）時代，競爭的頻率與步調將「化天爲秒」、「化繁爲簡」。他又說，日本企業在八〇年代勢如破竹、銳不可擋，快速應變能力與其辦公室配置——經理、部屬圍大方桌而坐，不費力氣就可加速資訊傳遞的速度有關。但是今天，美國企業卻靠著更普及的電子郵件在資訊傳輸與組織溝通協調力層面戰勝了日本的大方桌！

高槓桿率管理觀念

葛洛夫在本書中一開場就提出一項提綱挈領並發人深省的管理者首要重點，那就是「管理活動組合與管理槓桿率的管理」。

特別是對中階經理人而言，承上啓下，事情永遠做不完。經理人永遠有忙不完的事——永遠有更多事情要做，永遠有更多事情應該做，也永遠超過你所能負荷。也因爲這項工作特性，中階經理人必須有同時處理數件管理活動的能耐。另外，他還得知道何時該移轉活動，把精力擺在最能促進整個組織產出的活動上。

葛洛夫開示中階經理人：「一個經理人的產出，就等於它直接管轄和間接影響力所及的組織產出加總：**經理人的產出＝組織產出加總**＝a×A＋b×B＋c×C＋……。」（a、b、c……代表管理槓桿率，A、B、C……代表各種管理活動。）

有了這樣清晰的概念，中階經理人即得以憑此檢討提升本身的生產力（每單位時間的產出），而具體的方法就是：

——加速每一項管理活動執行的速度；

——提升每一項管理活動的槓桿率；

——調整管理活動組合，剔除低槓桿率活動，代之以高槓桿率的活動！

經理人的使命就是不斷精進

今天的台灣產業，處在人生中場的中年中階幹部，失業的可能性大約是十年前的兩倍。我觀察身邊的EMBA朋友們的職場動態，狀況還可能愈來愈糟。其實我們不是任何「老闆」的員工，我們每個人都是自己生涯的員工。沒人欠我們一個飯碗，你必須自己當家。認清只有你自己（不是你的「老闆」）才是自己的主人。爲打贏愈來愈激烈的「保職戰」，我們得好好提升自己的「產能」，增加自己的附加價值與生產力，不能須臾懈怠。一天二十四小時我們都該竭盡心力求好求進步。

求好求進步的法門眾多，但是最重要的一條就是如本書告訴我們的：好好管理你的活動組合與槓桿率！

HIGH OUTPUT MANAGEMENT

葛洛夫給經理人的第一課

目錄

HIGH OUTPUT MANAGEMENT

葛洛夫給經理人的第一課

目錄

前言

從一九八〇年代的巨變談起

我在一九八三年時撰寫此書。這是我在管理工作上二十年的心血結晶，也源於這些年的工作過程裡，我如何學會更有效能地處理事情。

不過是狂潮的前緣

我習得的本事多屬於中階經理人的管理招數。雖然一晃眼十多年已過，但我發現這些招數歷久彌新，大部分並不因時間變遷而改變其重要性。

在一九八〇年代發生了兩件事，改變了企業經理人的工作方式，這也令我想為本書寫一篇新的序言。這兩件事就是日本在電腦記憶體產業的崛起與電子郵件（e-mail）開始盛行。

讓我在此先解釋一下：八〇年代中期，製造動態隨機存取記憶體（Dynamic Random Access Memories, DRAM，是一種可使用於各種電腦內的記憶體，故常又被稱為標準型記憶體）的日本廠商，於技術上已足以超越當初創造此項產品的美國製造商，美國公司在這塊市場當時也已獨領風騷達十五年之久。

八〇年代中期也正碰上個人電腦的興起。由於個人電腦裡需要使用到大量的記憶體，日本的DRAM廠商遂趁著這波需求空檔，大舉入侵美國市場。英特爾也在這場商戰中受到波及。

事實上，英特爾是製造DRAM的始祖之一，甚至曾經是市場上的領導者。但面對美國同業以及日本廠商愈來愈強的競爭，我們的市場占有率逐漸下滑。由於日本產品物美價廉，我們只好削價競爭，結果便導致這項產品開始虧損。最後英特爾決定壯士斷腕，離開了它這項立業的產品另起爐灶，並轉進微處理器（microprocessor）事業。

雖然這樣的調整理論上看來既明顯又合邏輯，但是在調整過程中，我們必須重新部署員工，讓一些人走路，還得關掉為數不少的工廠。

那時我們很清楚，在這麼劇烈的衝擊下，唯有自立自強方能救亡圖存。在日益艱困的環境裡，就算你「當到市場裡的老二」也嫌不夠。

最後，包括英特爾在內的整個美國半導體產業戰勝了日本廠商的入侵。英特爾成為舉世最大的半導體製造商，而美國的半導體產值也超過了日本。現在回頭看這段過去，其實不過就是全球化旺潮來襲前的一個先頭浪。

全球化簡言之就是「商業無國界」。資本及工作可以在世界各地到處移轉，而你隨時隨地都可以做生意。雖然美國至今仍是世界最大的市場，大部分需求都可由本土產業供給；然而，許多市場正以超過美國市場的速度飛快成長，且美國本土市場的需求亦可由其他各國供給。

我最近買了一件巴塔哥尼亞（Patagonia）牌的 Gore-tex（一種特殊的防水卻易透氣布料）夾克，然後我發現它是在中國大陸製造——雖然它不折不扣是美國品牌，美國科技，但製造卻是依經銷商的要求在國外完成。

這種現象帶來的結果非常簡單。整個世界將被視為一個單一市場，每一個人必須與世界上其他具有同樣能力的人競爭，而不再局限於與一家公司或本土廠商競爭。因此，競爭者將無以計數，且絕大部分來者不善。

全球化還有另外一個影響：當產品的同質性愈來愈高，「時間」將成為唯一的競爭優勢。因此帶動了八〇年代的另一個重要工具發展：電子郵件。

就像日本的 DRAM 入侵如大浪前的輕微波浪，預示了全球化的到來，電子郵件也對資訊流通及新式管理的革命敲下了第一記戰鼓。

電子郵件暗喻了一項極為基本但又重要的警訊。它「化天為秒」，「化繁為簡」，原先需要較長的時間方能傳遞資訊，現在不僅時間大幅縮減，而且一封郵件可同時發給許多人。因此，如果你的公司使用電子郵件，許多人將得以更快速與你做生意。

這裡我忍不住要插播一件有點諷刺的事。當日本企業在八〇年代正勢如破竹、銳不可當時，有一派人認為日本的快速應變能力與其辦公室配置有關。在日本公司裡，經理和他的部屬通常是繞著一張大大的長形桌子而坐。平時每人埋首各司其職，但如有需要，則易於互通資訊有無，如此便不費氣力地加速了資訊傳遞的速度。但也正因如此，日本在電子郵件的運用上便明顯地慢了一步。

這大概可以說是風水輪流轉。當現今企業的觸角愈伸愈廣，時間變成了致勝關鍵，美國企業反而較能因應局勢。道理何在？只因為美國的電子郵件戰勝了日本的大方桌！

電子郵件還只是第一波。緊接著聲光影視、書籍、甚或理財服務都數位化，資訊傳送的速度簡直是一秒千里。

這些都只是未來二十五年大趨勢的開端而已。資訊革命的狂瀾席捲而來，我們這群經理人以及所身處的企業該如何因應？這才是問題核心。

因應新局

我特別希望這本書能夠獲得中階經理人的青睞。相較於第一線的領班、工頭或是位高權重的高階領導者，中階經理人最容易被忽視。

很多課程傳授第一線管理者不少祕笈，另一方面，大部分頂尖商學院的課程設計都是用來訓練高階經理人。但在這兩者之間還有一大群人，他們便是中階經理人。

他們之中有的是工頭、領班的上司，有的是工程師、會計師或是業務代表。中階經理人是組織的骨幹，不論這組織是多扁平或多鬆散。但他們對整個社會以及經濟的貢獻往往受到忽視。

中階經理人不只存在於大型企業。事實上，幾乎在各型企業體中都可以發現他們的存在。如果你負責一家律師事務所的稅法部門，你便是中階經理人，以此尚可類推至學校校長、經銷廠商或是小鎮的保險辦事處負責人。這些人對此書第一版的反應印證了我當初的推論，因為英特爾是從非常小型的企業開始成長為跨國大企業，這之中的管理技巧因而可被各界廣泛運用。

另外有一群人也應該被包括在中階經理人的範圍，這群人不直接管理別人，但卻對別人的工作產生影響。我稱這群人為「技術支援經理人」（know-how manager）。這些人了解工作上所需的知識、技能，以及周遭的人。他們是組織中的專家且經常扮演顧問的角色，事實上他們亦是資訊網路中的關節。老師、市調人員以及公司中的資訊管理人員都可歸為此類。他們雖不運用傳統經理人的管理權威，但經由他們的技術以及知識，同樣地對別人的工作產生影響。因此我亦稱他們為中階經理人。實際上，技術支援經理人的重要性，將隨著這個世界朝向資訊化以及服務業的急遽發展而加強。總歸一句，這群人也應該讀這本書。

不管你是技術支援經理人或是傳統經理人，你所身處的企業都已經別無選擇地捲入全球化以及資訊革命的洪流。今天，你的公司只有兩條路可走：一是調整自己的腳步；一是坐以待斃。

我們已目睹某些企業走向衰亡，而某些企業正掙扎著轉型，並發現它們當初的致勝武器已經不合時代所需。某些公司以前從來不解雇員工，事到如今也只有一紙令下讓成千上萬的人頓失收入。這種不幸的景象即源自於轉型的陣痛。

現在所有經理人都該想辦法讓自己適應新環境。新環境的規矩是：第一，事情的發生速度愈來愈快；第二，事情總有人能做——如果你不幹，我們另請高明。話說得明白一點便是：這些改變將會導致一個激烈競爭且難以預期的工作環境。

一個身處當前險境的經理人，必須培養出對「失序」更高的容忍力；但這並不表示你就向失序舉白旗；相反地，你應該想辦法控制周遭一切。在這本書中，我將把早餐店裡的廚房比喻成生產線，與大家分享一些管理心得，這些心得從這本書第一次付梓至今仍然管用。我並且特別要強調：今天的經理人不管身在何方，你都必須將自己武裝起來，以應付層出不窮的企業兼併，或者是突然面世的新科技。

你必須要達成不可能的任務，去預測不可期的未來。而當非預期的狀況發生時，便是你要加倍努力去調整他們的時候。有句我奉為圭臬的話在本書開頭先送給你：「讓混沌叢生，然後在混沌中掌控（Let chaos reign, then rein in chaos）。」

另外，我也確信你在讀這本書的同時，一定會犯嘀咕：「你這一套只對英特爾管用啦！你沒待過我們公司，我們公司的問題只有老闆自己才能了斷。」但我相信這本書中大部分的招數你都能派上用場。不管你是哪一類的中階經理人，事實上你都是一個組織的頭頭。不要老是等你的頂頭上司派令下來。你身為一個小組織的頭，便應該設法增進你這個組織的業績和產能。

認識你的組織

本書涵蓋三個基本的概念。第一個是「產出導向管理」（output-oriented approach to management），我會列出一些準則並應用在有形的製造流程和無形的管理工作上。

以英特爾為例，英特爾是一家製造高科技晶片以及相關電腦周邊產品的公司。我們現有超過兩萬名員工，其中約有二五％是在生產線工作，另有二五％是領班、維修人員及工程師，再來的二五％是負責管理諸如排定生產時間、人事以及進出款項，最後的二五％才是負責產品研發、行銷、銷售以及售後服務。

我在英特爾即發現，無論這些員工身在哪個部門，他們各都有不同的「產出」。有些人製造催收帳單，有些人設計軟體或廣告文案。我在英特爾便是將這個「產出」的概念謹記在心，使整個公司管理更上軌道。這觀念其實和我們衡量投資報酬率等財會觀念很接近。

第二點是「團隊意識」。不論政府或是公私企業，大部分人類活動都是靠團隊才能成事。從這個概念得出我自認為本書中最重要的一句話：「一個經理人的產出，便是他所管理或影響所及的部屬工作成效總和。」經理人該如何促進部屬的工作效率？換句話說，每天公事堆積如山；而時間有限，到底有哪些特別的事得先解決？為解決這個問題，我提出了「管理槓桿率」（managerial leverage）的觀念，這是用來衡量各種管理活動對提高團隊產能的指標。高槓桿率的管理活動才能帶來高產能。

團隊中每一個體都各盡所能，這個團隊才會有最高產能。這是本書中第三項主要概念。我相信企業應該能像訓練運動員一般，隨時激勵員工求其最佳表現。在書中我也將以運動競賽為例子，討論如何以「回饋」來維持企業團隊的高產能。

我們必須釐清「無法預測未來」這件事實，並不等於「我們應該就此放棄計畫」。首先，我們應該像消防隊訓練消防隊員一樣地訓練員工。因為消防隊永遠不知道下一場火災發生在何時何地，所以他們平時就保持警戒，整裝待發。

其次，公司應該減少管理層級以加強應變力。隨著電子郵件盛行使資訊互動更便利，管理者過去需傳遞資訊的任務將被電腦取代。減少管理層級的結果，將造成每一個經理人必須管理更多的人。在英特爾的管理哲學中，主管和部屬間的「例行性一對一會議」是基本功課之一。它的主要目的在於彼此交流教育和資訊。藉由特定的問題或狀況，主管傳授給部屬所需的技能並教他如何切入。在此同時，部屬也提供主管所需資訊，讓主管了解他如何進行手上的案子。

時間有限，而「一對一會議」便不免會占去經理人這項有限資源。那我們為什麼還要維持「一對一會議」呢？別忘了，你管理的部屬雖然變多，但仍可以降低會議的頻率。

因為大部分員工可經由網路即時了解他們需要的資訊，過去會議用來「傳達政令」的需求大部分不復存在。你也不是靠一對一會議來了解部屬的進度，因為他們也能經由電腦螢幕向你報告。

回頭看看我所舉的「日本大方桌」的例子。部屬無需離座上令便可下達，但有時還是得另外闢室面對面談一些事情。不管是日本傳統式或是電子郵件式的辦公室，一對一會議還是有需要，但會議的目的將會愈來愈單純，因此你雖需管理更多部屬，但會議的頻率和所需的時間將會減少。

經營你的生涯

如果你既得扮演經理人又得扮演員工的角色，那該怎麼辦？我最近讀了一篇報導指出，目前中年人失業的可能性大約是十五年前的兩倍，而且狀況會愈來愈糟。

總括言之，無論你從事哪一行，你都不只是別人的員工——你還是你自己生涯的員工。你隨時都在和上百萬和你一樣在經營他們生涯的人競爭，有些人也許還比你強，或是更汲汲營營於此。但你且慢把矛頭指向你的同事——他們只是滄海一粟。這些競爭者也隱藏在公司的競爭對手裡。所以，如果你想打贏這場「保職戰」，就得好好維持你的競爭優勢。

如果你是在一個成長緩慢或幾乎無成長的公司裡，那麼你得小心一群野心勃勃急著往上爬的新進同事。他們可能已經萬事俱備，差只差在你這個老臣擋在路中間。你的上司遲早要決定留下你或是請你走路。如何避免這種狀況完全操之在你。

在一九六〇、七〇，甚至八〇年代，經理人成功的祕訣就是：看準一家好公司，進去後好好幹。而公司也會相對回饋。但這年頭可不同了。

全球化和資訊革命對每個人的生涯規劃都有致命的影響。沒人欠你一個飯碗，你必須自己當家。你每天都得和上百萬的人競爭，得想辦法提升自己對工作的貢獻、加強自己的競爭優勢。你需要隨時學習並適應新環境，必要時可能還得從這家公司跳到那家公司，或是從這個產業跳到另一個產業……主要的關鍵就在於：認清只有你是自己的主人，如此你才不會成為這場硬仗的犧牲者。

在我提供一些致勝絕招之前，有些事先請你想一想：

一、你在公司裡是真有貢獻或只是個傳聲筒？你如何增加附加價值——這唯有靠你不斷地設法增加你的產能。你是個經理人，而這本書的中心思想便是「公司的產能是經理人個別產能的總和」。理論上，一天二十四小時你都該竭盡心力求好求進步。

二、你的工作是不是無關緊要？或者你老是要等你的上司或別人來解釋你該做什麼？你是不是組織中的樞紐人物？或者你只是在一旁悠哉悠哉？

三、你是不是總在追求新知或是嘗試新科技？（只是看看書可不算數。）或者你是在一旁看戲，等人來重整你的企業？（這就叫「坐以待斃」。）

我的背景是工程師，而現在是高科技公司的經理人。但同時我也和你一樣，是我自己生涯的老闆，每天得增加自己的產能，提供更好的產品和服務以滿足我的客戶。

我是個樂觀主義者，我相信每個人都有能力做發財夢並讓美夢成真。但有時候我認為人們並沒有搞清楚如何因應周遭的變化，這又讓我得知自己是現實主義者——只有能在變化中存活的人才會對未來抱持樂觀。我寫此書的動機就是要提出方法增加你的價值，增高你的存活率。

以我在英特爾的經驗，我相信我歸納出的生產法則、管理槓桿率和如何激勵員工超越顛峰等祕笈，一定能夠幫助各行各業——包括律師、老師、工程師、主管職、甚至編輯……，簡言之即是所有的中階經理人提升生產力。

就讓我們從參觀「早餐店的生產線」開始吧。

安德魯・葛洛夫

一九九五年四月

第一節課

早餐店的生產線

1 「生產」包含了些什麼？

你必須以預定的時間、可接受的品質以及可能的最低成本，依據顧客的需求製造及運送產品。

如果你想了解生產管理這件事，請你先假設自己像我讀大學時在一個餐廳當服務生，而你的責任是準備一份包括三分鐘水煮蛋、奶油吐司以及咖啡的早餐。當你將早餐送上顧客餐桌時，每樣東西都應該是剛出爐又熱騰騰。

限制步驟

以上的準備過程就已涵蓋了生產的基本要素。你必須以預定的時間、可接受的品質以及可能的最低成本，依據顧客的需求製造及運送產品。生產流程如果以「因應顧客突發的各種需求」來設計，通常會造成閒置產能或是存貨成本提高等弊病。用早餐店當例子，顧客可能希望一坐定，便能吃到軟硬適中的水煮蛋、香酥可口的奶油吐司以及熱騰騰的咖啡。要滿足他的期望，你不是必須將廚房閒置著等他大駕光臨，便是一直要有這項早餐存貨。但這兩種做法都不實際。

製造商應該了解生產所需時間並定下出貨的時間目標。早餐店應該在顧客進門後五到十分鐘送出早餐，並以具競爭力的生產成本出產，才能獲取應有的利潤。就讓我們先檢視一下早餐店的生產流程。

首先，我們必須找出決定整組生產流程的「限制步驟」（limiting step）。早餐組合中哪一項準備起來最耗時？答案無疑是水煮蛋。因為咖啡已經煮好在壺裡，而烤吐司只要花一分鐘左右，所以我們應該以需時最長的水煮蛋為限制步驟。水煮蛋其實不僅需時最長，對大部分顧客而言，它也是早餐組合中最重要的一項。

接著我們要反推流程（請見下頁圖1）——也就是用最後完成的時間向前推算，先弄清楚煮蛋、煮咖啡及烤吐司個別所需要的時間，以利它們同時完成。首先，計算將這三項產品擺在餐盤裡所需的時間，然後計算從烤麵包機中拿出吐司、從壺中倒出咖啡以及從鍋中撈蛋出來的時間。將以上所需時間總和，再加上拿蛋和煮蛋的時間，便是整個流程需要的時間。這在生產管理上稱為「全部產成時間」（total throughput time）。

現在來看吐司這一項，以水煮蛋所需的時間為基準，你必須在這段時間內放好吐司及烤

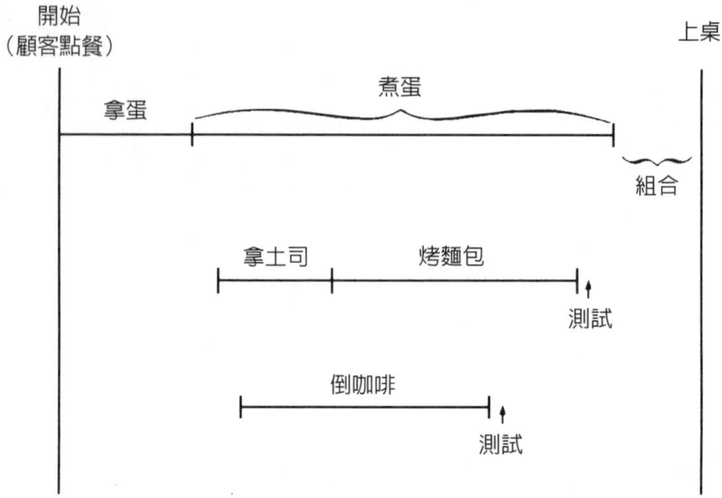

圖１　煮蛋是限制步驟

好麵包；最後，以烤麵包的時間為基準來決定何時倒咖啡。在此最主要的概念是以需時最長（或最困難、最敏感、最昂貴）的項目為建立生產流程的基礎，再以此考慮其他項目。

擬定流程計畫應環繞著「最關鍵」的步驟，在早餐店的例子中就是煮蛋的時間，再考慮其他各項個別產成時間，交錯安排進生產流程裡。用生產管理的術語來說，我們說這些步驟「互相補償」（offset）。

限制步驟的概念可被廣泛運用。以英特爾招募大學應屆畢業生為例，英特爾的經理到校園徵才，與一些即將畢業的學生面試，然後再邀請較具潛力的應徵者到公司參觀。

英特爾負責這些學生的餐旅費。在參觀公司時，這些學生將與另一批經理人及技術人員面試。經過再三考量，我們會錄用技能與英特爾需求最相符的學生，接受職位的人便可以開始上班。

應用前述的生產基本原則，你必須環繞著最昂貴的項目設計流程，在此，學生的餐旅費成本最高。所以我們讓部分經理直接到校園徵才以大幅降低此成本。而為降低招募每一職位所需的成本，我們還必須提高受邀參觀公司的學生最後決定來上班的比例。若能先以電話面試的方式在邀請之前再行過濾，這樣不但省錢，也提高了受邀者的到職率，並且降低了對每一個應徵者都使用昂貴的限制步驟（請他們來公司參觀）的需要。

我們也運用時間互償的準則。以學生畢業之時間向前推算，招募者設定各種必須的步驟及其所需時間，這些步驟包括校園徵才、電話面試及參觀公司等，這都必須在學生畢業前幾個月妥善安排。

生產是怎麼一回事？

準備早餐的過程其實還暗藏不少玄機，其中便包含了三項基本的生產步驟：

一、製造流程：這種生產活動通常牽涉物理或化學變化。水煮蛋便是化學變化的一種。

二、組裝：各項零件拼裝組合在一起產生新個體。像是我們把蛋、吐司和咖啡組成一份早餐。

三、測試：對零件及最終產品做檢查。我們可以用目測來鑑定咖啡是不是燒好了，吐司有沒有烤焦。

製造流程、組裝及測試可以靈活運用在其他不同的生產活動上。拿「訓練業務人員銷售新產品」的任務為例，我們便能清楚劃分出這三個要素。

一、製造流程：行銷和研發人員將一大堆的產品資料化為業務人員的銷售策略和展業話術。這個將資料轉化成策略的動作便是製造流程。

二、組裝：將這些發展出來的策略和話術集中起來。在新產品上市會議中，行銷人員將最合適的策略和必要的市場資料（如競爭商品的價格和鋪貨狀況）向業務人員報告。

三、測試：在真正上市之前應先有一場虛擬的上市發表會。在此會議中，被挑選出來的業務代表對策略及銷售工具等等做反應。如果反應不佳，亦即測試結果不良，這整個策略就必須修改或重做，以符合原定的行銷及銷售目標。

就像「電腦編譯器」的發展也同樣牽涉到製造流程、組裝、測試這三項要素。電腦聽不懂人話，想讓它運作只有使用程式語言。編譯器便像是一個翻譯人員，它能將人話轉為電腦語言。有了編譯器，程式設計師就比較能用人話來思考，而不必滿腦子的亂碼或「〇與一」。顯而易見，這項轉譯工作非常龐雜，因此，編譯器發展的重責大任便落在天賦異秉的軟體工程師身上。但也正因他們的努力，電腦使用者才能如此簡易地學用電腦。

整個編譯器的發展中便包含了一連串的製造流程。軟體中每一部分的運轉都是根據一定的規格而設計，而每一部分也都必須經過「單元測試」，無法通過測試的部分便必須重做。當所有的部分都及格了，這些個體就被組裝成一個編譯器，並且在送到客戶手上之前進行「系統測試」。時間互償的概念在這整件事中將被廣泛運用。因為各步驟產出所需的時間事先都已經設好，所以步驟與步驟之間如何做最好的銜接也可以經由計算來設計。

表面上看來，準備早餐、招募新人、業務人員訓練，甚至編譯器的設計這幾件事簡直毫不相關，但事實上在骨子裡它們都蘊藏著相同的基本生產流程。

複雜化

現實生活中總是布滿荊棘。我剛剛設計的早餐店是在「產能不受限制」的前提下做的假設——廚師從來不用等鍋子下水煮蛋或是麵包機來烤吐司。而這在現實生活中根本是不可能的事。

如果你在排隊等著用烤麵包機時，該怎麼辦？如果你不把排隊等候這件事納入你生產流程考慮，你的三分鐘水煮蛋可能就要變成六分鐘的鐵蛋！

所以，如果你的烤麵包機數量有限，你就必須把這步驟當成限制步驟，重新設計流程。水煮蛋的品質仍然決定顧客對早餐的喜惡，但時間互償的部分必須重新調整。

我們該如何調整這個模組中的製造流程？從早餐上桌的那一個時點倒過來推，我們會比較清楚哪些步驟會受到影響。

請看圖2，有關蛋和咖啡的部分仍然維持不變，但烤麵包機的數量有限會造成相當大的變化。現在你必須考量拿、烤吐司和等烤麵包機的時間，這表示整個生產流程即將改觀。烤麵包的部分成為限制步驟，整個流程的重新設計都必須以此為重心。

再把事情更複雜化一點。萬一你在該下水煮蛋時碰巧被卡在等烤麵包機的長龍中，你該如何是好？乍看之下似乎無可救藥，但其實不然。

如果你是這家餐廳的經理，你可以考慮將某些人變成專司一職。也許有人專烤吐司，專門煮蛋或是專門倒咖啡，然後再找一個人來監工。當然，這筆人事「支出」可能太高，讓你連想都不想。

如果你是服務生，你可能可以請也在排隊的同事幫你忙，當你去放蛋時他可以幫你放吐司。但當事情必須假手他人時，結果通常很難預期。身為餐廳經理，你也可能再多買一台烤麵包機，但這又會是一筆昂貴的成本。

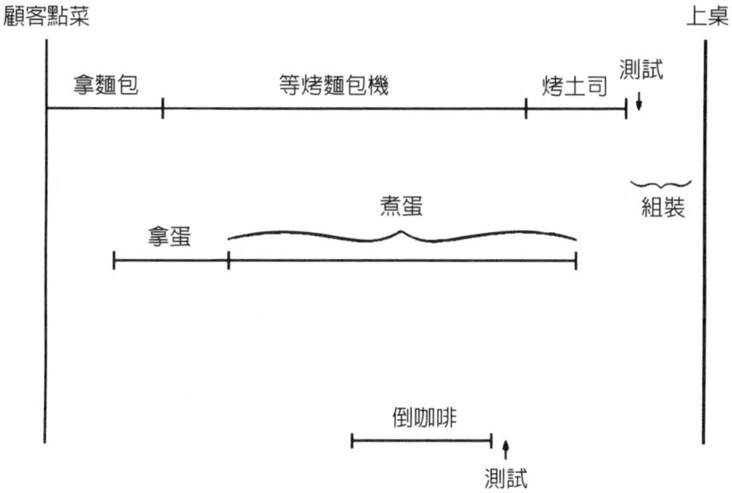

圖2 烤麵包機產能有限，所以是限制步驟

或者你也可以死命不斷地烤麵包，這樣一來雖然增加了吐司的存貨成本——有一些吐司烤好但放久了你得丟掉——但你的熱吐司將不虞匱乏。總歸一句，至少你知道天無絕人之路，總有一些辦法可想。你可以增加設備產能，你可以增加人手或是提高存貨，每個辦法都各有利弊，但也都對整個烤吐司的流程有幫助。

找出最佳策略

因為每一個方案都得花錢，你的責任就是找一個最具「成本效益」方法來運用資源，這也是所有生產活動最佳化的關鍵。

雖然人們常說「世上無絕對」，但凡是能以最低成本達到理想的運送速度以及品質，便是最佳方案。為了找出這個最佳方案，你必須

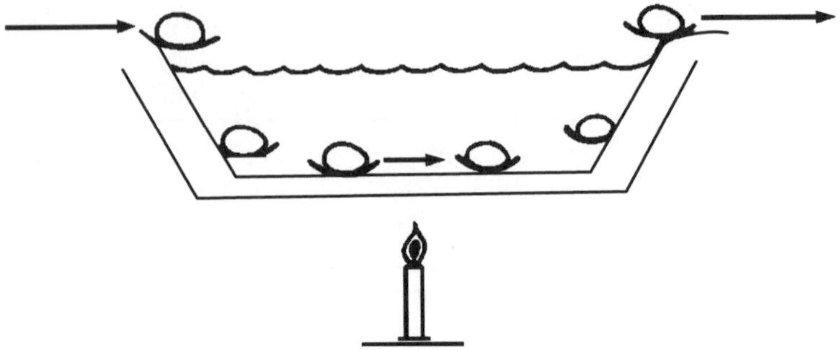

圖3　煮蛋機可以連續生產三分鐘水煮蛋

了解各方案（諸如多請人、增加產能以及提高存貨量）之間的利弊得失。當然不是要你拿著碼錶去量每一個人等烤麵包機的時間，或是用任何高段的數學去算存貨和設備成本。重要的是你必須了解生產過程的每一個步驟，以及其互動關係。

現在我們要更進一步地把這個早餐店廚房轉化成一個大規模生產的大廠。首先，你添購了一台能固定且持續生產三分鐘水煮蛋的機器（見圖3）。我們已經假設顧客喜歡「三分鐘」水煮蛋，而且有大量且可預期的需求。因為這台機器是設計好的自動設備，它將失去生產「四分鐘」水煮蛋的彈性。

其次，這部煮蛋機的生產速度應該配合烤麵包機。我們現在已經將整個流程轉化成「連續性作業」，但在此同時，我們也失去了靈活性，無法再針對個別客戶的特殊需求做調整。所以，我們的顧客如果想享受這套新模組所帶來的利益——較低的成本和穩定的品質時，他們就得改變他們的期望。

測試與驗貨

然而，連續性作業並不保證較低的成本和較好的品質。試想：如果煮蛋機的水溫失控的話會怎麼辦——在這段失控期間所產出的蛋將成為廢品，而同時間所生產的烤吐司也將因為沒有蛋可以一起送上桌而必須作廢。你該如何將這種風險降至最小？「功能性測試」會是個好方法之一。你不時地敲開水煮蛋檢查它們的品質，但如此你也必須丟掉受測過的蛋。

另一個方法稱作「線上檢視」，這又有各種不同的做法。舉例來說，你可以找一根溫度計經常性地檢測水溫。為了避免聘請專人讀溫度計的費用，你可以請人設計一個小機關，只要水溫和設定的溫度差了一、兩度就會警鈴大作。這裡的要點是：只要有可能，你都應該使用線上檢視，而避免必須要犧牲產品的測試方法。

這台煮蛋器可不是這樣就可以和你相安無事了。在蛋下水之前，它們可能已經是臭了或是裂了的壞蛋，或是它們可能過大或過小而影響了煮熟的速度。為了避免這樣的問題，你必須要「驗貨」。如果驗貨時發現不合格，你可以當場退貨，但你也就沒有原料可供製造。這樣豈不要停工了？

且慢！這就是你要有「原料存貨」的原因。存貨量該大該小則要視情況而定。原則上，你的存貨應該至少在供應商下次送貨來之前能滿足工廠的用料速度。在這個早餐店生產線的例子中，如果這個蛋商每天送一次貨，你就必須要有足夠一天使用的安全存貨量。但記住一點：存貨需要成本，你必須要權衡累積一天存貨量的利益和所需費用。

除了有形的費用之外，你還得考慮無形的風險。如果煮蛋機故障了將會怎樣？你會失掉多少顧客？要把這些顧客再招徠回來的成本又是多少？這些都是有關風險的問題。

及早發現、及早治療

所有的生產流程都有一個共通特性，那就是原物料在流程中「愈變愈有價值」。生蛋的價值不如煮熟的蛋，組裝好的早餐套餐好過還沒組裝好之前，而真正擺上顧客面前又強過只是在廚房裡。最後呈現在顧客面前的才是他們走進這家餐廳所要享受的價值所在。

相同地，一個已完成的編譯器的價值遠勝於之前的零組件；而在招募新人的例子中，一個我們決定雇用的大學畢業生價值又遠超過我們在校園徵才時面試的學生。

我們應該謹守「及早發現、及早治療」的準則，如此我們便能在生產流程中「價值最低」的階段就修正問題。

因此，我們應該在蛋商送蛋之前便讓他們把壞蛋找出來，而不是讓我們的顧客在餐桌上發現蛋壞了。同理，如果我們能盡早在校園徵才時便決定我們要篩掉哪些人，我們便可以省下雙方在後來面試所花的時間和金錢。而在編譯器發展的例子中，我們應該在單元測試時就找出問題，如果在整個組裝好後才發現有毛病，麻煩就大了。

我還想要拿美國的司法審判系統做例子，即使這樣有可能讓我戴上冷血的帽子。讓我們把司法審判系統當成一個生產過程，而最後的目標是要找到犯人並繩之以法。

整個生產流程從有人到警察局報案開始，然後警察開始辦案。如果警方已掌握了特定的線索，接下來便是更詳細的調查。但經常案子到此便會因為缺乏證據或其他原因而僵在那裡。如果案子再發展到下一階段，警方找到了嫌犯，他們便得四處找人證物證，將案子成立並送至法院起訴。但起訴時通常也會因為證據不足而被駁回。

起訴若被受理，下一步便是審判。嫌犯可能被判有罪也可能被判無罪。被判有罪的還得看刑期：有的可能被保釋，有的可能還要繼續上訴；到最後只有少數的人被送到牢籠裡。

如果我們對每一步驟進行到下一步驟的「成功率」做一個合理的假設，我們會被最後的結論嚇一跳！假設我們把所有審判的費用加總，再分攤到那些最後真正身陷囹圄的罪犯身上，我們將發現每件審判的成本高達美金百萬元以上——好一個讓我們這群納稅人心裡淌血的數字！這個數字如此之高，主要由於所有被指控的人之中，只有少數人真正完成所有程序走進監獄。

大家都知道現在監獄已經人滿為患，很多刑犯都因此而減短刑期，甚至不用服刑而改服其它勞役。這整件事嚴重地違反了生產流程中的基本概念，也因而造成了極大的浪費。非常明顯地，我們應該把「定罪」列為限制步驟。即使今日，造一個牢籠的成本也僅是大約八萬美元，再加上養一個犯人的費用大約一到兩萬，相較於原先定罪所需的上百萬成本，也只是滄海一粟。

我們花了百萬審判一個人，卻因為少了一個只要八萬的牢籠而讓這犯人在社會上逍遙，這真是大大濫用了我們在司法體系上的投資。而這也正是設錯了限制步驟（即牢籠的有無）造成的結果。

2 從早餐店的庫存談起

存貨愈多，我們的應變能力就愈強。但存貨的建立和保管都得花錢，因此必須小心控制；我們不僅要辛勤工作，還得懂得如何工作。

好啦，現在承蒙顧客支持和某位金融鉅子鼎力資助，你的早餐店規模日益壯大，吐司、咖啡和水煮蛋都分別置好了生產線。身為早餐店經理，你擁有為數可觀的部屬，還有一大堆自動機器設備。但你若想讓這工廠作業正常，你最好先設下一套衡量指標。

拿出你的尺

這個時候，你的產出已不再只是你送到客人桌上的早餐，而是這整個工廠生產的產品、產生的利潤和顧客滿意度。要管好你的產出，你得先設下一些指標；為了好上加好，你需要更多的指標。能當指標的項目可能不計其數，但除非「每一項指標各針對不同作業目標評估」，這整套指標才會發揮功效。

假設為了達到你的每日生產目標，你共設計了五項指標。那麼這五項指標應該是些什麼呢？或者可以這樣說吧，當你每天一早踏進辦公室，你會最想馬上知道哪五項資訊？以下是我的拙見：

首先，你會最想知道「這一天的銷售預測」。今天可能賣出幾份早餐？要評估你的預測有多準，你可以將昨天的預測和實際的送貨量做個比較。換言之，你要找出前一天預測和實際銷量之間的差異。

你的第二個關鍵指標是「原料存貨」。手上的蛋、麵包和咖啡是不是夠用？如果不夠，你還來得及訂貨；如果太多，你可能要考慮取消今天的訂單。

另一件重要資訊是「設備的狀況如何」。如果昨天曾經發生當機的狀況，你得趕緊把它修好，或是重新安排生產線，以應付這新的一天的供貨。

你也必須了解你的人力資源。如果有兩個服務生請病假而你還想正常供貨，你就必須要動點腦筋。是要找臨時工呢？或是從烤麵包的生產線上調個人來充當服務生？

最後，你得設下「人力資源品質指標」。你不能光看一個服務生送了幾份早餐，因為即使他送了幾千萬份，他可能同時得罪了每一個客人。顧客的意見對你的生意影響太大，你可能要考慮在收銀台旁邊放個「顧客意見箱」。如果某個服務生被太多客戶抱怨，你就得找他來談一談。

這些指標對你管理早餐店一事都非常重要。如果你每天一大早先檢視這幾項指標，你通常在問題還沒變得太糟之前就能將它解決。

指標配對

指標將你的注意力引導到需要監督的事情上。好比你騎腳踏車的時候，你會把車的把手轉到你眼睛看得到的地方。舉例來說，如果你開始注意你的存貨水準，你才比較可能會落實降低你的存貨量——這樣其實還只是入門，你有可能因為存貨量太低而無法應變。正因為「指標」能引導我們的管理，我們必須要小心「過猶不及」——不要反應過度！

我們可以藉由「指標配對」的方法來避免反應過度，因為如此一來，你便可以在反應的同時了解可能產生的副作用。在前述存貨的例子中，你必須同時注意存貨數量和缺貨發生的可能性。如果發生缺貨的機率太高，你就得小心不要將存貨數量降得太低。

這項「指標配對」的準則應用在編譯器的發展上尤其有用。因為，每一個軟體單元的「完工日期」以及其「程式執行能力」都是我們關心的指標。要是我們能同時顧好這兩件事，我們就可以避免因求好心切而延誤了交件時間，或是倉促行事而導致產品不良。「指標配對」能讓我們經由權衡找到最佳方案。

最能展現指標（或是指標配對）功效的地方便是管理工作。英特爾運用指標來提升生產力已經行之有年。

指標運用的第一條原則是「有總比沒有好」。任何管理都需要評估。但我們也發現一個有效的指標測量應是評估產出，而不是產出之前的生產活動。

這就像你在評估一個業務人員的績效時，你在乎他搶下了多少訂單（產出），而非他打了多少通電話給客戶（活動）。

其次，一個好的指標應該是用來衡量具體且可計算的事情（見下頁圖4）。因為這些列出來的指標都是可量化的，所以和它們配對的指標應該強調「質」的方面。因此，我們除了想了解一天可以處理多少件「應付帳款」外，應該同時將不論是供應商反應或是內部稽核發現的錯誤列為配對指標。在評估清潔工的任務時，我們則不僅要注意他清潔的坪數，還得由這個大廈中選出住戶來對清潔的成效如何做評斷。

這類的指標配對有多種用途。第一，它們清楚地列明了目標；第二，對評鑑管理活動提供了相當的客觀性；第三，讓在不同組織中從事相同管理工作者有互相比較的依據。有了指標，我們才有辦法比較兩棟不同大樓的清潔工的績效。事實上，設了指標之後，員工的鬥志

辦公室活動	產出指標
應付帳款	帳單處理數量
清潔工	清理坪數
顧客服務	訂單處理數量
資料輸入	資料處理數量
招募	招募了多少人
存貨管理	存貨項目的數量

圖 4　辦公室活動和其指標

也容易被激發出來，從而增進工作的績效。

黑箱子

我們在此先把這個早餐店的廚房假想成一個黑箱子。我們投入了物料、人力（包括服務生、助手和你這個經理）而產出早餐（見圖5）。

大致上所有的生產流程都可以簡化成這種黑箱子圖例。因此，先前提到的人才招募也可以用黑箱子來表示。我們投入成本面談了大學畢業生，而最後經我們錄用而願意來上班的便是「產出」。我們所投入的人力則包括了校園徵才或是公司負責面試的經理人。

而在業務人員的訓練中，我們將產品說明投入黑箱中，而產出受過訓練的業務人員。至於涉及的人力成本則包括將原始資料轉成銷售武器，並負責教業務人員如何使用資料的行銷人力。事實上，絕

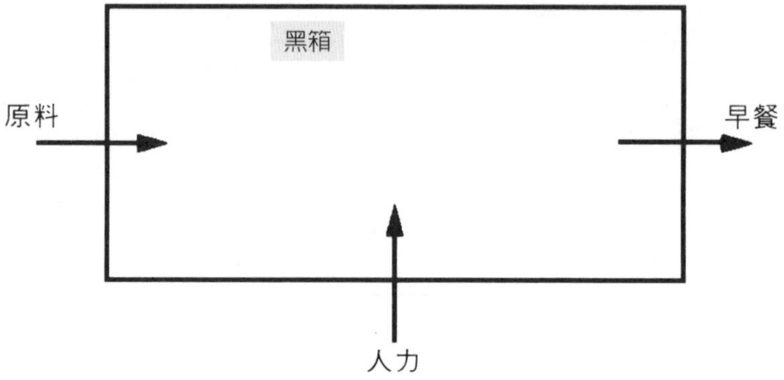

圖 5　將「黑箱理論」應用在早餐店管理

大多數的管理活動都可以用這個黑箱子來解釋。在催收帳款的部門中，他們投入有關客戶的資訊——他們訂的貨品、價格、貨量及交貨方式等，而最後的產出則是可以用來催帳的帳單。投入的部分當然也包括了這其中所有的人力。

這個黑箱子將生產過程所涉及的投入、產出以及人力清楚分類。為了讓這個流程進行得更順利，我們可以在黑箱上挖幾個洞，看看葫蘆裡賣些什麼膏藥。如圖 6 所示，我們將能更清楚了解生產流程的內部作業，進而更準確地預估未來的產出。

一、**領先指標**（leading indicator）。領先指標是藉由讓你了解未來的概況來引導你注意黑箱中該注意的事情。而且因為你事先反應，你便能杜絕後患。當然，領先指標的功效惟有在你確信其有效的前提下才會成立。此理雖明，但在實務上卻有其難處。在你還

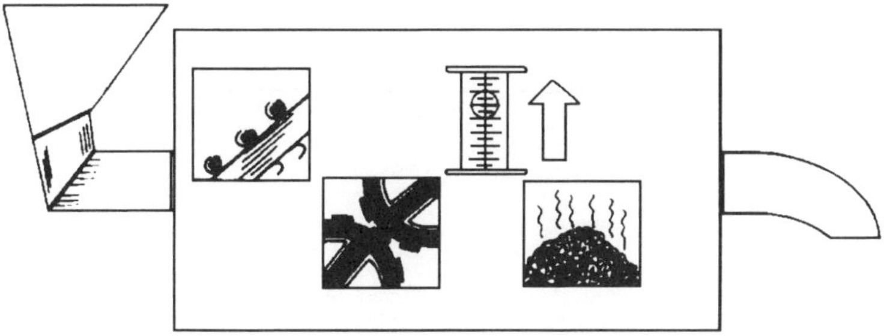

圖6 藉著在黑箱上開窗，我們可以大略知道未來產出的狀況

沒看到問題出現前便要你花大錢防微杜漸通常很困難。但除非你能按指標行事，你可能會落得像隻熱鍋上的螞蟻。因此，你選擇的指標必須有其可信度，能讓你按燈號行事。領先指標在早餐店的例子中，可能是機器故障紀錄，或是客戶滿意程度這些我們日常便用來監控流程的項目，但它們也具備了預測未來可能問題的功能。

二、線性指標（linearity indicator）。我們在黑箱上開的這幾個窗口就稱做「線性指標」，從圖7有關人才招募的例子中，我們可以了解它的涵義。虛線表示當月通過面試且願意來上班的大學畢業生。理想狀況中，我們招募的進度應該遵照圖7的實線，且在六月時達成招募的目標。從圖7看來，四月的進度和預期的目標還差一大截。所以，指標在此告訴我們，想要達成目標的唯一方法，便是要比前四個月多加好幾把勁。線性指標同樣具有「早期發現、早期治療」的功效。沒有了它，我們可能一直到六月才發現目標無法達成，且已藥石罔效。

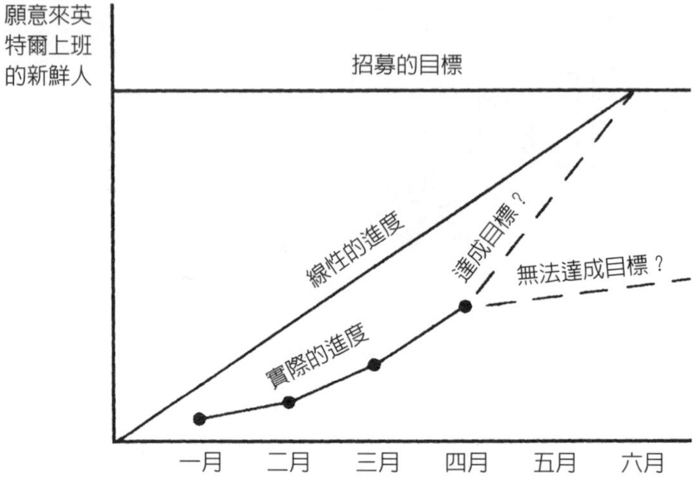

圖 7　線性指標便於早期預警，讓我們知道目標是否可能達成

如果我們以製造工廠為例，你可能會因為我們每個月都設下生產目標，而假設一切應該沒有問題。其實我們仍然應在黑箱上開個窗，衡量每一天不同的進度，再將其與理想的線性進度相比。你有可能發現產出的速度很穩定，或者有可能出貨都擠在當月的最後一個星期。如果是後者，這個經理人可能並沒有善用人力和設備資源。他若不修正這種狀況，一旦月底機器發生故障，結果將不堪設想，生產進度會大大落後。線性指標能對這種狀況提出預警，這便是它為何如此重要的原因。

三、趨勢指標（trend indicator）。這個重要的指標能以時間（這個月業績和過去數月相比）或其他設定的標準為基礎，衡量諸如早餐做幾份或是傳單做了幾張等產出。由對過去的觀察，通常你便可以從其顯示出的趨勢預測未來。這樣的

每月訂單量預測

預測制定時間	七月	八月	九月	十月	十一月	十二月	八二年一月	二月	三月	四月	五月	六月
七月	22	28	34	29								
八月	*23	27	33	31	29							
九月		*21	30	30	35	33						
十月			*29	32	32	32	29					
十一月				*27	32	31	32	31				
十二月					*27	27	31	30	40			
次年一月						*26	28	29	39	30		
二月							*24	30	36	32	34	
三月												

（*表示實際銷售數量）

圖 8　重覆印證表

預測就像在這黑箱上又多開了一扇窗，除此之外，根據設定的標準來衡量，也能刺激你去想為何產生這樣的結果，而不會光讓標準告訴你結果會是什麼。

四、重覆印證表（stagger chart）。這個表可用來預測未來幾個月的產出。每個月我們都將更新資料並重新預測，也因此每個月你都能以實際銷售業績和上個月的預測，甚至前幾個月對本月的預測相比。你不必費太多力氣就能看出預測的準確性以及與實際產出間的差異。這樣的表格比單純的趨勢表更有助於預測未來。

在我的經驗裡，重覆印證表在預測經濟趨勢上最能發揮其威力。圖 8 是英特爾其中一個部門對客戶訂單的預測。你必須不斷地根據資料修正你的預測。這個表不但顯示出你對每月業績的預測，也同時顯示了不同月對某特定時點的預測有所不同。這樣的預測方法將讓負責的人不敢稍稍懈怠，因為他所做的預測將不斷地和未來所做的預測以及最後的結果相比。但更重要的是，你可以看出這些預測愈做愈好或愈做愈差。這是我所見過在企業發展上最重要的指標。依我之見，經濟學者和投資顧問都應該被放在重覆印證表裡檢驗，惟有如此，我們這些經理人和投資大眾對他們說的話才有個評斷依據。

總而言之，指標在解決各式各樣的問題上都極有幫助。如果有什麼事出了差池，你就會有足夠的資訊，並且迅速掃描出毛病在哪兒。如果你平常沒有先設定指標，到了出事時，你就會為了找資料而手忙腳亂；而等到你真的找好資料，事情可能已經變得更糟。

控制產出

有兩種方法可以控制一個工廠的產出。有一些產業採用「接單生產」（build to order）。比如你去訂做沙發，通常都得等上一陣子，除非你直接拿展示品。家具工廠通常會按訂單來生產。當工廠接到訂單，他們便安排生產流程。如果你需要一部特別式樣的車款，同樣的情況也將發生。汽車工廠準備好你挑的顏色和配備來生產，但你必須等上一陣子。我們的早餐店也是相同的例子。

如果你是家具製造商，你的競爭對手只要四個星期就能出貨，而你卻得花四個月，在這種情形下，可能很難保住你的客戶。所以，即使你很想接單生產，但你還是不得不用其他方法控制產出。簡言之，你必須要「預判生產」（build to forecast）。事實上，這就是要將未來的訂單考慮在內。

預判生產即是合理推測未來的訂貨量，並以此設計生產活動。明顯地，如此一來製造商將面臨存貨水準提高的風險。因為預測只是對未來需求的評估，一旦預測錯誤——不管是訂單量不及預期或是產品項目錯誤，這個製造商都將因為資源配置錯誤而陷入窘境。前面兩種錯誤的預測都將造成不必要的存貨。照預測來生產，你多少仍得冒點資金風險。

英特爾的客戶需要我們對他們的需求能即時因應，所以就算我們的產程挺長，我們還是得按預測生產。就像早餐店雖然是按顧客點菜來生產，但是在向供應商（例如蛋商）訂貨時，還是得以預測的需求為基礎。

同樣地，公司在招募大學畢業生時，也是著眼於未來的需要，而非等到有空缺時才急著去找人。電腦軟體產品——例如編譯器，通常也是根據預測的市場需求，而非針對特定的訂單。在企業實務中，你可以找到太多「預判生產」的例子。預判生產包含了兩個同時進行的流程，而他們分別有其周期。

在圖9中，製造流程包括了從「原料獲取」一直到經過不同生產階段，最後將成品送到

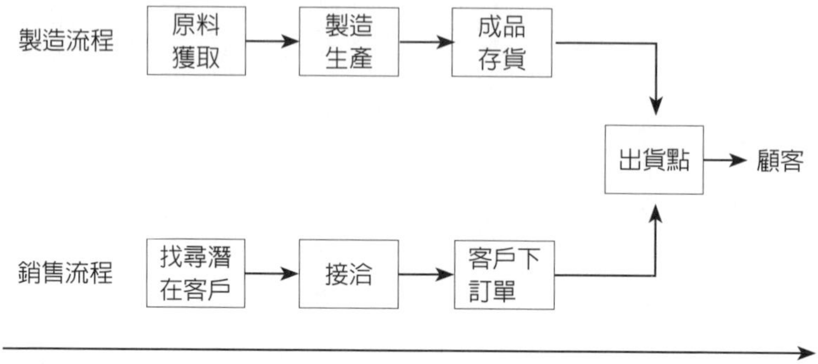

圖 9　客戶訂單和產品同時到達出貨點

倉庫；同時，業務人員開始尋找潛在客戶，與其接洽，最後客戶終於下了訂單。**理想狀況中，客戶的訂單和產品製程應該同時到達出貨點**。

因為預測是如此複雜的一件事，你也許會想設一個經理來負全責。但這並不是很好的做法。比較好的方法是請製造部門和業務部門都做預測，如此他們便須對其預測負責。

在英特爾，我們盡力讓這兩組平行的流程能互相配合。如果我們做不到，其結果不是我們無法滿足客戶需求，便是這批貨找不到買主。兩者都讓人傷腦筋。反過來說，如果這兩組流程相符合，原先只是預測的訂單變成了真正的訂單，顧客的需求便能被滿足。

當然在實務上，這種理想狀況少之又少。較常發生的情況是客戶猶豫不決或改變主意。在製造流程上也可能發生錯誤或是延誤交件時間，甚至還有其它種種不可知的狀況跑出來。由於不可能對業務或製造流程精確地預測，因此我們應該在這個系統中擺入一些「彈性空間」。保持一定的存貨即是最明顯的例子。無庸置疑，存貨愈多，我們應變的能力就愈強。但存貨的建立和保管都得花錢，因此必須小心控制。如我們之前所學到的，存貨應該發生在價值最低的階段，就像早餐店廚房裡的生雞蛋。而且，在一定的存貨成本限制下，存貨的價值愈低，我們的生產就愈具彈性。

重覆印證表應該同時用在製造和銷售預測上。如前所述，此表可以顯示出每月預測之間以及和實際狀況相比的變化趨勢。觀察重覆印證表，你便可以找出預測錯誤的原因，設法改進你在製造以及銷售預測上的準確性。

對未來做預測，然後調整管理工作，是一個增進產能的重要方法。預測通常只被運用在廠務或實體銷售，而非在管理工作上——因為管理工作至今仍被認為較廠務更注重在「質」的方面，且較缺乏業績目標或是衡量的標準。

然而，如果我們也能仔細選擇管理工作的指標，並密切觀察，我們其實也能把工廠的那一套控制方法搬到管理工作上。

我們能從趨勢資料中推論出既定標準，藉以預測各種不同任務所需要的人數。將這套預測的準則嚴格應用，你就可以更有效地運用人力資源，以因應管理活動可能的擴增或縮減。但如果你只是交差了事而非嚴格應用準則，你將永遠無法降低員工數，而且根據「帕金森定律」：員工永遠會將交件的時間拖到最後一秒。

設定標準，預測每個員工的工作量，這絕對有助於提升並維持產能。

品質保證

如我們所知，製造商的目的是要以最低成本將客戶能接受的產品送到他們手上。為了保證我們產品的品質能被接受，所有的生產流程——不管是生產早餐、招募新人或是製造編譯器，都必須設有「檢查點」。

如果想以最低成本得到可接受的品質，你必須在產品尚未累積太多成本之前便淘汰掉瑕疵品。如之前所提，我們最好在蛋還沒煮之前就找出壞蛋，在應徵者還沒到公司參觀前就能淘汰掉一些。簡言之，在投資更多以前就做篩選。

以生產上的術語來說，最低價值的檢查點——也就是我們檢查原物料的地方，稱作「驗貨」。在此，再以黑箱子來代表我們的生產流程（如圖10）。在黑箱中的檢查稱做「線上檢驗」。當我們準備把產品送到客戶手上，也就是最後一次檢查的機會，我們稱為「最終檢驗」或是「出貨品質檢驗」。

原料如果在進貨時就未達最佳水準，有兩種處理方式：我們可以退貨，或是改變我們的標準以接受這批次級品。如果我們採行後者，可能會造成後來較高的瑕疵率。但這個選擇可能又比等不到正常物料而必須關廠停工來得划算。這種決策非一人所能獨斷，必須靠品質管

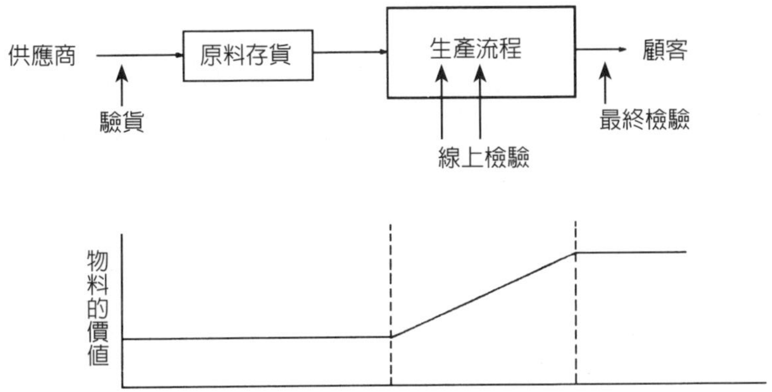

圖 10　線上檢驗以確保品質

理人員、廠務人員以及產品設計師等等共同研商。這群人提出種種可能發生的結果，在權衡之後才能下判斷。

雖然「是否棄置瑕疵品」不免會牽涉到成本問題，但如果接受瑕疵品會造成客戶對我們信賴度減低，則萬萬不可行。簡言之，因為我們無法評估瑕疵品會造成什麼禍害，便不該以客戶對我們的信賴為賭注。以心律調整器為例，如果有個零件在製造時便被發現有問題，製造商得當機立斷馬上更換零件。雖然這樣可能會增加成本，但相較於在產品上市後才被消費者發現產品不能正常運作，前者的成本可要小得多了。後者可不只是錢的問題，還有可能鬧出人命。

檢驗不但在執行上必須要花錢，而且會因為對整個製程產生干擾，進而增加了整個製程的成本。但無論如何，我們仍應在「檢驗並增進品質」以及「減少干擾」兩者間找到平衡點，有幾種方法可以協助我們達到這個目的：

第一種方法我稱之為「海關與監視器」。「海關」是指：我們先設下重重關卡，產品唯有在通過檢驗之後才能進到下一關；如果產品無法通過測試，便會被打回前一關重做或是廢棄。而在「監視器」部分，我們將在原料中取樣，如果它是瑕疵品，我們會標上記號，並計算瑕疵率。這批原料將不會在流程中的各關卡被擋駕。整個製程將因此而變得平順；但如果我們連續監督到三件瑕疵品，我們就該停止這條生產線。這之間所需考量的利害關係是：如果我們擋下了整批原料，整個產程的時間將會變長；而如果我們讓一些瑕疵品先過關，我們無需減緩製程速度，但後來必須為這批「瑕疵成品」付出較高的淘汰成本。

可想而知，「監視器」的執行成本比「海關」低。廣設關卡可以增進產品的品質，但該設多少則難有定論。我的經驗法則是：你應該先考慮監視器的方式，除非過去的經驗顯示每回你放過一個瑕疵品，最後都釀成大災難。

另一個降低品質控管成本的方法是「隨機檢驗」。因為品質好壞因時而異，改變我們檢驗的頻率也就理所當然。如果好幾個禮拜都沒發現問題，降低檢驗的次數便顯得順理成章。但一旦有問題產生，我們便該馬上增加檢驗的次數，直到我們確保品質又回到預設的水準。這個方法的好處也是成本較低，且對製程干擾較少。但在實務上，就算是製程標準化、產品複雜度低的製造商也不常採用這個方法，因為人是習慣的動物，且不論這個習慣是最近這幾週才養成的，或者是累積數年的舊習慣，習慣總是很難改變，檢查也很難真的能「隨機」。

仔細想想，經過設計的檢查計畫確實能增進效率及產能，不論是對製造流程或是管理活動都能見效。但現在且讓我們來看一個與早餐店大相逕庭的例子。我最近讀到一篇有關美國駐倫敦大使館的報導，內容是說我們的使館無法處理大量湧來的簽證申請。每年大約有一百萬左右的英國人申請赴美簽證，而其中只有百分之二遭到拒絕。大使館中有六個辦事員負責此事，他們每天必須處理大約六千份申請文件。

大部分的申請文件是經由郵寄送達，因此無論何時都大約有六到八萬份的英國護照在大使館中。同時，還有大約上百位的英國人或其他國籍的人在使館外大排長龍等著辦他們的簽證。大使館已經想過好幾種辦法來提升效率，包括在報紙上登廣告，請遊客盡早申辦，因為一般至少要三個星期才能辦好簽證。大使館也在門外設了「急件信箱」，讓必須當天取件的人直接把護照和簽證申請表格放入信箱中。即使如此，大使館外的長龍還是不見稍減。

事實上，大使館用來加速辦事效率的方法只是讓問題更糟，因為這些解決辦法都沒有碰觸到問題的核心：增進「簽證辦理」的速度。時間和錢只是花在將案件分成急件和普通件，如此只會產生更多的人事費用，對產出的提升於事無補。

如果美國政府想要招攬英國人到美國觀光，便不該如此地不便民。如果我們的大使館殫精竭慮還是想不出辦法，那便應該向我借用幾招基本生產管理技巧。他們該做的便是用我的品質控管方法。

在這個例子裡，我們的官僚體系必須要先接受一個事實——並不是所有的簽證申請都需要審核。我們先前已經知道，有九八%的案件完全沒有問題。所以，大使館如果能以抽樣的方式，然後再對這些被抽取出來的樣本詳加檢查，便可以在不大幅增加美國政府不歡迎的人進關的狀況下，減少申請案件大排長龍的情形。

除此之外，大使館應以事先決定好的標準來檢查這些樣本，如此一來，簽證申請的流程便會很像我們的國稅局（他們以高辦事效率著稱）。他們可以從支票或其他資料便大約了解報稅是否屬實，不必逐一過濾。

如果我們也用這種思維檢查經理人的生產力時，我們將會看到，當一個經理決定對一個特定事件多花點精神，事實上他便是在使用「隨機檢驗」的方法。有個經理對他的每一個部屬都事必躬親，這就可能已造成干預，而且這位經理將浪費很多時間監督不會出錯的部屬進度。更糟的是，他的部屬可能會因此養成依賴性——反正什麼事到最後老闆都會檢查。隨機檢驗應用在管理上，既可以增加員工的責任感，又可以節省時間，對增加管理的產能大有助益。

產能再釋義

我們之前所學的「黑箱理論」可以對「產能」二字下一個既簡單又有用的定義：

產能＝黑箱中不同部門的產出÷此項產出所需的人力

因此，增進產能的方法之一便是減少投入的人力工時。我們可用組織重整或只是讓員工工作更勤奮來達成目的。我們並沒有改變工作的本質，而只是想辦法將事情做得更快——讓每一個員工在每一工時內能做更多的事。因為黑箱的產出是其間所有生產活動產出的總和，每個員工做愈多事，整個黑箱的產出就愈大。

第二個增進產能的妙招是改變工作的本質。這裡要談的是「我們該做什麼」，而不是「怎樣才能更快」。我們要增進產出對工時的比例，即使人力工時維持不變，我們仍可設法增進產出。就像大家常說的：「我們不僅要辛勤工作，還得懂得如何工作。」

槓桿率

現在我要在管理應用裡導入一個物理概念——槓桿率（leverage）。一個活動如果有比較

高的槓桿率，即表示同樣的投入之下，這項活動會較槓桿率低者有較高的產出。（可參考下頁圖11）

舉例來說，如果有個侍者在同樣時間內能做好兩份早餐，他的槓桿率就比同時間內只能做一份早餐的員工高。一個程式設計師如果能運用較高階的程式語言，他解決問題的效率將比只能運用培基（BASIC）語言的設計師高，也因而有了較高的槓桿率。因此，一個重要的增進產能方法，便是找出哪些生產或管理活動具有較高的槓桿率。

無疑地，自動化是提升槓桿率的一種方法。藉著機器的幫助，人類有了更大的產出。但不管在生產或是管理活動上，都還有辦法能提高槓桿率，那便是「工作簡單化」。要以此法增進槓桿率，首先你必須建立起一套生產流程表。這個表必須詳盡，千萬不要為了讓圖表看起來漂亮而省略了某些步驟。其次，你得算一算總共有幾個步驟，接下來才找得出比較的依據；再來便是設定你刪減的目標。在我們的經驗中，第一回合的工作簡單化通常可以將工作步驟減掉三〇％到五〇％。

要實際執行工作簡單化，你得先質疑每一個步驟存在的理由。你會發現很多步驟其實不需要，他們的存在可能是因為傳統或只是為了讓工作顯得正式，對實際的生產活動完全無濟於事。就像緩慢的美國「簽證工廠」，大使館的辦事人員並沒有必要逐件調查。所以，你必須要非常嚴格地檢查每一個步驟，然後刪除掉那些按常理就知道不必要的步驟。在英特爾，

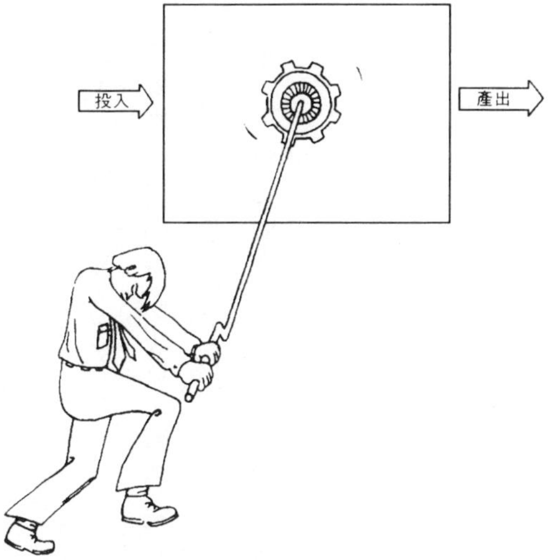

加快工作速度可以提高產出

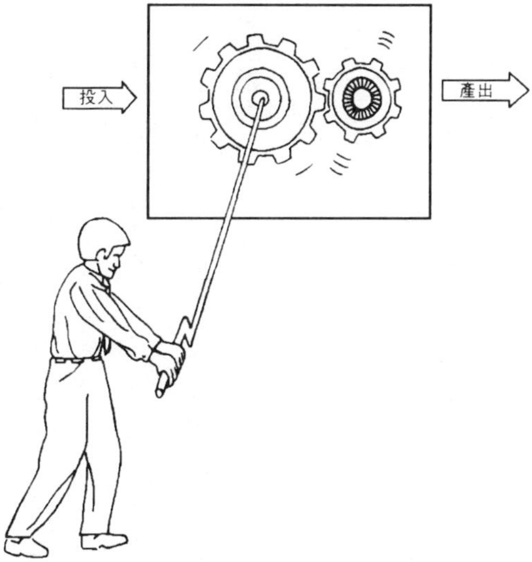

或是藉由提高活動槓桿率增加產出

圖 11

我們發現大約有三〇％的管理活動沒有必要；換言之，只要原先七〇％的管理活動便能達成我們原先的產出。

工作簡單化並不是什麼新觀念，事實上它在這世上已有百年歷史，但將這個概念應用在管理活動上，不但是創新，而且仍有許多人抱著觀望態度。他們懷疑的主要理由是難以定義管理活動或專業幕僚的產出。

畢竟，我們可以想見，辦公室的管理上通常很難分出何者是「活動」，何者是「產出」。況且真正的產品產出才是到底有沒有增加產能的指標；如果只是在管理活動上打轉，付出再多資源心力也是枉然。接下來我會進一步解釋。

第二節課

打好團體戰

3 管理槓桿率

經理人做的每一件管理活動對整個組織都有或多或少的影響。至於對整體產出的影響有多大，則在於這些活動的槓桿率大小。

經理人的產出是什麼？

我曾經問過一群中階經理人這個問題，而我得到的答案如下：

判斷與意見
執行的方向
資源分配方式
檢查錯誤
人力訓練與協助部屬生涯發展

課程傳授
產品計畫
溝通協調

以上這些事便是經理人的產出嗎？我不以為然。那些只是經理人「從事的活動」，或只是描述當經理人為了得到結果或產出時「所做的」事。那麼到底什麼才是經理人的產出？如果他是英特爾半導體晶圓廠的廠長，他的產出便是高品質的矽晶圓成品。如果他是英特爾的設計主任，他的產出便是能夠直接送廠上線製造且不出問題的產品設計。如果這個經理人是一個中學的校長，受過訓練的畢業生或是準備升級的學生便是他的產出。如果是個外科醫生，一個完全康復的病人便是他的產出，我們可以用一個數學算式來呈現：

經理人的產出＝他直接管轄的部門產出＋他間接影響所及的部門產出

這等式怎麼來的呢？因為不管是企業、學校、或是醫院，其產出都是因為團隊合作的結果。一個經理人能管好他的份內事並且將它做到臻於完善，但這並不就是他的產出。如果他領導一群部屬，並且有一群人在工作上受他影響，這個經理人的產出便是這兩群人的產出加總。

如果這個經理人是提供資訊或是技術的顧問人員，他對其他部門的影響可能更大。內部顧問如果能夠提供問題解決的資訊給其他部門，其影響力有時不下於該部門經理。同理，如果一個律師幫一家藥廠申請到新藥的許可證，他等於直接協助藥廠得以將多年的研發成果公諸於世。

而一個市場分析師平日觀察上千種產品、留心產業、競爭者動態並分析市場資訊，他提供的資料不僅直接影響行銷及業務部門，甚至能引導整家公司。因此，我們對「經理人」一詞應該給予更廣泛的定義。這些顧問或技術人員也應該被列入中階經理人，因為他們在組織中經常有不可忽視的影響力。

所以，我們在此將經理人的產出定義為「直接管轄範圍或影響力所及的組織產出總和」。雖然經理人本身的活動無疑地非常重要，但他自己並不會有任何產出，他的產出是靠他領導的部門。

打個比方，一個球隊教練或是明星球員無法光靠自己一個人就能獲勝。一個球隊的戰績是要靠全體隊員的同心協力，加上教練的指導方能達成。同樣地，不管是公司、學校、醫院，甚至是政府機關，都得靠團隊合作才能致勝。

經理人很容易就會發現他從事的活動裡有很多會影響別人。就像我先前列出那些經理人對「經理人的產出是什麼」所提供的答案，不管他是提供意見與判斷、指示方向、告訴部屬資源分配方式，或是偵測錯誤等等，對於產出都是不可或缺的關鍵，但這些活動和我們的產出本質仍舊是兩碼子事。

份內事與結果

以我自己扮演過的經理人角色為例，身為英特爾的總裁，我可以經由對直屬員工——集團內總經理及類似職位的人——的管理而影響產出；我也可以經由觀察並給予建議，對雖非我直接管轄的人造成影響；經由以上的活動，我希望能夠增加整個公司的產出，事實上這也是我這個經理人的產出。

有一回公司中的一個中階經理人問我，怎麼能又在公司中對經理人授課、又巡視工廠、又解決好多經理的問題，而還有時間做我份內的工作。我又問他：「那麼你覺得我份內的工作是什麼？」他想了一會兒，然後回答：「我想那些都是你份內的事。」一點兒都沒錯——雖然這並不是我工作的全部，但這些事對增進英特爾的產出都有幫助。

再舉另外一個例子：辛蒂是晶圓廠中的總工程師，但同時她也是產程標準制定小組的成員。不管在哪一個角色，她都對晶圓廠的產出有貢獻。身為這個廠的總工程師，她從事的活動直接影響這個廠的產出；而身為顧問小組的成員，她也經由提供專業技術而增進了英特爾其他晶圓廠的產出。

讓我們再回到上一章的黑箱子。如果我們將組織的運作比喻成一整組的齒輪，我們將更容易了解中階經理人怎麼影響組織產出。在組織有危機時，他獻出心力，就像齒輪運作不順暢時，他會加上幾滴油；當然，他也能用聰明才智，指引整套機組運作無誤。

你到底在公司裡幹嘛？

大多數人可能絞盡了腦汁還是很難回答這個問題。我們真正做的事似乎很難用三言兩語就能解釋。而其中又有極大部分似乎是做了但看不到成果——想想公司中好像根本不需要你這個位置？會有這樣的疑惑，部分是由於我們未能將活動和產出清楚區隔。「活動」是我們日常真正在做的事，看起來有些繁瑣；而「產出」則是我們的成就，與活動相比，產出當然就顯得重要得多。

但以外科醫生來說，雖然他的產出——濟世救人——聽來冠冕堂皇，但如果你知道他平常是這裡刮刮，那裡切切，再動動針線，好像也不是挺光彩。

為了要知道我們這些經理人到底在做什麼，我以自己一天的行程表為例。我描述並解釋我從事的活動，並在括弧中將它們分為不同的類別。

我的一天

【8：00—8：30】

◆與一位遞了辭呈準備跳槽到別家公司的經理會談：我傾聽他的理由（**資訊收集**），覺得應該可以把他留住。

◆於是我鼓勵他再跟其他幾位經理談談（**發出警訊**）。

◆接著我決定也和這些經理談這件事情（**決策**）。

◆一位競爭同業打電話來：表面上他打電話來是為了一場即將舉行的產業會議，但事實上他想知道我對整個產業狀況的看法；同樣地我也想從他身上套出一些東西（**資訊收集**）。

【8：30—9：00】

◆看前一天下午之後收到的信件：我信手回了大約其中的一半，有些回信上表達了我贊同或是不贊同，另有部分我需要提出行動方案（**發出警訊**）。

◆另外，我也否決了一個方案的繼續執行（**決策**）。

◆當然，以上這幾件事都牽涉到**資訊收集**。

【9：00—12：00】

◆高階主管會議（公司內高級主管每週的例行會議），這次的主題包括：

◆檢討上個月的訂貨狀況和送貨速度（**資訊收集**）。

◆討論如何為即將來臨的年度計畫訂定注意事項（**決策**）。

◆檢討一項行銷方案目前進行的狀況。我們在上一次會議中發現這個案子進度緩慢，需要重新檢討。這回我們發現比上次有進步（**資訊收集**）。

◆但在提案時還是有許多人有意見或是提供建議（**發出警訊**）。

◆檢討一條生產線的「製造流程縮減」方案。提案中指出這個方案進行情況良好（**只有資訊收集，沒有更進一步決定採取什麼行動**）。

【12：00—1：00】

◆在員工餐廳用餐：我碰巧和訓練部門的人同桌。他向我抱怨很難找到我或是其他高級主管去參與海外分公司的訓練課程（**資訊收集**）。

◆我從來不知道有這件事。我在行事曆中記下這件事，同時也記得對其他高級主管「**提出警訊**」，對海外分公司的訓練課程不要坐視不理。

【1：00—2：00】

◆參加一場有關產品品質問題的會議。會議的大部分時間用在了解這項特定產品目前的狀況，以及已經採行了那些修正的方案（**資訊收集**）。

◆這場會議後我和部門主管達成一致的決策共識。我們決定再開始供貨。

【2：00－4：00】

◆對新進員工講演——高階主管藉由這樣的機會，向新進的專業人員描述公司的目標、歷史以及管理系統等等。我是這個系列的第一個演講人。這很明顯的是「**資訊傳授**」。

◆我的演說使公司員工了解我們有多麼重視訓練課程；而經由我回答新進人員問題的方式，他們可以了解公司的價值觀。他們提出的問題也讓我知道了一些平時很難接觸到的員工想法（**資訊收集**）。

【4：00－4：45】

◆待在辦公室，回電話。我否決了某位員工的加薪，因為這個請求實在太離譜（**決策**）。

◆決定開個會來決定哪些部門要搬到即將落成的新廠（**延遲決策時間的決策**）。

【4：45－5：00】

◆和助理討論下個禮拜需要參加哪些會議；助理並告訴我，那些我不想參加的會議有什麼替代方案。

【5：00—6：16】

◆看今天收到的信，其中也包括了一些進度報告。就像今早看信一樣，這整個活動也包含了**資訊收集**，並下達發出警訊的決策。

這樣一天看下來，你大概很難看出有什麼明顯的模式。因為我處理事情的方法挺隨意。我太太對我一天行程的評語是：「跟我的也差不多嘛！」她其實說的沒錯。

我的一天通常結束在我覺得累而決定回家休息的時候，而不是事情做完了。

事情永遠做不完。就像家庭主婦一樣，經理人永遠有忙不完的事——永遠有更多的事要做，永遠有更多事應該做，也永遠超過你所能負荷。

經理人必須有同時處理數件事情的能耐，此外，還得知道何時該轉移注意力，把精力擺在當時最能促進整個組織產出的活動上。

換句話說，他必須了解哪些活動有最高的槓桿率。

你需要知道什麼？

想必你已看到我一天中大部分的時間花在收集資訊上，而且我用各種不同方法去收集。我平時看正式的報告和備忘錄，但同時不論是在與內部員工或是別家公司的人，甚至是媒體記者談話時，我也都不忘收集資訊。尤其重要的是那些來自客戶的抱怨——就算是「內部的客戶」我都不敢輕忽。

舉例來說，我從來不會想要在英特爾的訓練課程中減短我回答員工問題的時間，因為我覺得如此一來便少了評估我身為內部「供應商」績效的機會。顧客或員工之所以抱怨，是因為他們希望有些事能改進；注意聽他們的抱怨，事實上經常能得到很有效的資訊。這點必須要牢牢記得——雖然不見得我們便要「隨著顧客的申訴起舞」。

我必須承認，不僅對我，而且是對大多數的經理人而言，最重要的資訊來源往往來自於簡短而且非正式的談話中。這種資訊的速度往往也比任何一種書面報告或是小紙條快。而資訊的價值，通常也和其時效有絕大的關聯。

既然書面報告在時效性上略遜一籌，為什麼我們還是需要書面報告呢？它們的作用乃在於建立資料檔案、過濾並確認紛至沓來的各種資訊，並且要避免有任何漏網之魚。但相較於口頭交談，書面報告通常有另一個完全迥異的功能。

在寫報告時，這個經理人也同時必須比以口頭報告更明確的方式表達他的意見。因此，報告的價值在於提案人必須對自己的問題或方案進行更嚴格的審視。**報告用來表示一個人的自律，遠勝於它在傳達資訊上的作用。寫報告很重要，但看不看就在其次。**

類似的情況還有很多。就像我們之後會看到，年度計畫的「準備過程」往往就是結果。同樣地，資本支出授權（capital authorization）重要的是在過程而非在「授權」這件事上。為了準備一項資本開支請求的提案，通常必須要煞費周章地經過一大堆分析以及手段，來確定並且說服其他人提案的必要性，這整件事的價值便在於啟動這些人的思考。正式的認可之所以有用，在於它強迫每個人在過程中必須自律。

要增進並且維持你吸收資訊的能力，你必須先了解能獲取資訊的途徑有哪些。資訊也分不同的層級。口頭資訊雖然最有價值，但它們通常只能提供一個概括、不完全且有時不甚正確的資訊。就像報紙上的標題，只能告訴你一個大概的狀況，並無法告訴你通盤的詳情，有時候甚至會讓你產生誤解。所以你必須更進一步地去看這篇報導的內容，才有辦法知道「五何」——何人、何事、何處、為何以及如何。經過這些理解，你才能夠有一套自己的看法。

你絕對不能只靠某一種特定資訊來源。就像從雜誌你可能可以讀到最深度的報導，但你經常等不了那麼久。你的資訊來源彼此間應該有互補；有時候消息內容可能重複，但也因此供你前後對照資訊的正確性。

有一個極有效的收集資訊方法經常被經理人忽略——實際在公司走動。

為什麼要這麼做？想一想當有個人走進一個經理的辦公室時所發生的狀況。通常這個經理必須停下手上的工作，和這個人先閒聊一下再引進正題，一場三十分鐘的會議真正觸及問題核心的時間可能只有兩分鐘。但如果這個經理平時在公司裡走動，這個有正事和經理談的部屬，可以在經理走過時馬上提出問題，而這個經理也能馬上回覆，這個方法的效率及效果非常明顯。

那為什麼大部分經理人不採用走動方法呢？因為他們覺得沒事走到部屬的位置上很奇怪。在英特爾，我們克服這個問題的「秘招」是用「障眼法」——我們設計出一些「正事」讓經理人必須要在公司裡走動，因而同時達成收集資訊的目的。舉個例子，我們要求公司內的經理擔任「清潔週」的評審，因此他們必須走到一些他們平時不常去的地方，而在到處走動時，他們便能收集到不管是在實驗室或是安全部門等的第一手資訊。

從這樣的安排中你可以看到，經理人不但收集資訊，同時也是資訊的來源。他必須將他的所知傳授給他的部屬以及影響力所及的部門。除了告訴他們一些既成的事實外，經理人還必須告訴部屬他的目標、優先順序以及做事的方式。這點極為重要，因為唯有經過這樣的溝通，部屬才能夠做出被上司接受的決策。將目標明確地與部屬溝通，加上告訴部屬有效率的辦事方式，正是「授權」能不能成功的關鍵環節。走動溝通還有許多好處，對公司來說，一個大家都認同的企業文化絕對有其必要性。一個明智的企業員工行事自會與企業文化一致；如果大家都認同公司的企業文化，經理人常常能省下制定繁文縟節的時間和精力。

決策

另一種重要的管理活動當然便是「決策」。有時候我們自己下決策，但多半時候我們只是參與決策。有時我們提供事實或只是提供自己的意見，有時我們討論各個可行方案的利弊以確保決策品質。有時候我們則必須對已經做成或即將產生的決策進行檢討，說不定還得投下否決票。

至於決策到底應該如何制定，我們留待等會兒再談。現在我們先來看決策的形式。決策基本上可分二種，第一種是「未雨綢繆型」——像之前提到的資本支出授權，我們將公司資源依據未來將要進行的事情做適當分配；而第二種是「亡羊補牢型」——這種決策是為因應公司中可能正在發生或是已經產生某種問題，不管是品質控管有了瑕疵，或是某個員工想離職……等等事務。

非常明顯地，你對一件事情了解的程度將會影響你的決策，這便是為什麼收集資訊對一個經理人如此重要。

所有其他的管理活動——諸如傳遞資訊、制定決策或是做你部屬的學習對象，都是以你所擁有的資訊為基礎。這些資訊有可能是你知道有哪些事該做，或哪些問題需要解決。但總而言之，所有的管理活動都是植基在資訊的獲取上，這也是我選擇用大半天時間在這件事情上的原因。有時候你的一些活動只是用來「稍微」地影響事情進行。也許你只是打個電話建議你的同事該怎麼做比較好，或者只是留張小紙條告訴他你觀察到的市場狀況，或者你是在口頭報告中提出你的意見。

諸如以上種種，你都只是在鼓吹一件事該怎麼做，但事實上你又沒有真正地下什麼指令。我們將這些稱之為「發出警訊」，因為這種動作不光只傳遞資訊，也因為同時你在設法將事情或是人引導到你覺得對的方向上。這是往往會讓我們花大把時間的重要管理活動。這和「制定決策」不同的地方在於「制定決策」經常都會有明確的方向與結果，而「發出警訊」則不然。在現實生活中，為了要制定出明確的決策，通常經理人得先發出好幾次的警訊。

當你的部屬表率

最後，我們談到一件可能不太明顯，但我們身為經理人一天到晚都在做的事——那便是當別人學習的對象。我們如何行事，常常會成為部屬、同事，甚至你的上司的模範。有關經理人必須建立什麼領導風格的論述已經太多，我不再贅言。我想說的是，「言教不如身教」。以上提到的管理活動，單獨只取出一件都無法成就你的領導風格。價值觀和行事規範很難只用講的或是寫在紙上，最好的方法就「做」，還得做得「讓人看得到」！

所有的經理人都得知道怎麼用他自己的那一套發揮他的影響力，而且得讓別人看得到。有些人喜歡對大庭廣眾高談闊論，有些人則喜歡私下一對一。這些領導風格都只有在我們認定自己是別人表率的前提下才會管用。

我以上所提並不只限於大企業。一個小鎮的保險業務經理在打私人電話的同時，也傳達給他的部屬「上班時可以打私人電話」的訊息；一個律師在午餐時間喝醉酒後回到辦公室，同樣對辦公室的人起了不良示範。但相反地，不管在大公司或是小公司，一個經理人如果做事認真，對周遭的人也有巨大的影響力。

經理人的工作中有大部分是在分配人力、金錢或是資產等資源。但其中最重要、而且屬於每天例行的工作，就是調配自己的時間。理論上，我們永遠可以設法弄到更多的人力、金錢或是資本，但一個人每天只有二十四小時，不多也不少。因此，該如何運用時間便成為極重要的課題。在我的觀點中，如何運用時間甚至是一個人是否能成為領導人或模範最重要的特質。

我一天中，你可以算出我大約參與了二十五項活動，大部分是收集或傳授資訊，當然也有制定決策和發出警訊。你也可以算出我大約有三分之二的時間，花在開各式各樣的會議上。在你還沒被這個數字嚇壞之前，先回答我這個問題：「在資訊收集、資訊傳遞、決策制定、發出警訊以及為人表率這幾項管理活動中，有哪一項我可以不靠開會達成？」答案是「沒有」。會議提供了經理人從事其管理活動的場合。會議本身並非「活動」，它只是個「媒介」。

媒介可能是開會，可能是張小紙條，甚至可能是公司的擴音機。你所在意的是必須找到最有效的媒介以完成任務，這就等於如何找到最具「槓桿率」的活動。

什麼是高槓桿率？

我們已經了解，一個經理人的產出，就等於他直接管轄和影響力所及的組織產出加總。那麼一個經理人該如何才能增進他的產出？「槓桿率」這個概念可以給我們答案。我們將槓桿率定義為「各單項管理活動所帶來的產出」，由此，我們便可以列出以下的公式：

經理人的產出＝組織產出的總和＝槓桿率A×管理活動A＋槓桿率B×管理活動B……

在這個等式中，經理人所從事的每一件管理活動（管理活動A、B……）對整個組織都有或多或少的影響。而對整個產出的影響有多大，則在於這個活動的槓桿率大小。一個經理人的產出便是這些乘積的加總。顯而易見，為了要有較高的產出，一個經理人應該把心力放在槓桿率較高的活動上。

經理人的生產力亦即其每單位時間的產出，可經由以下三種方法來增進：

一、加速每一項活動進行的速度。
二、提高每一項活動的槓桿率。
三、調整管理活動的組合，摒除低槓桿率的活動，代之以高槓桿率的活動。

在此，我們將先由各種不同管理活動的槓桿率談起。要達成高槓桿率，大致上有以下三種方法：

一、當一個經理人可以同時影響很多人時。
二、當一個經理人一個簡單的動作或一段簡短的話，可以對別人產生長遠的影響時。
三、當一個經理人所提供的技術、知識或資訊，會對一群人的工作造成影響時。

在這三個方法中，第一個方法最容易理解。舉個例子，羅萍是英特爾的財務經理，負責公司每年的年度財務計畫。當她事先列出每個階段需要收集的資訊以及誰該負責哪些事情的時候，她便已經影響到了參與這項計畫的人，為數可能在兩百人上下。

如果她「事先」便好好仔細考量，她可以為接下來參與這項計畫的經理人省卻不必要的困擾（諸如所要求的項目不明確），進而省下很多的時間。她的工作對整個組織的生產力有貢獻，也因此有很大的槓桿率。

但到底這個槓桿率有多大，則在於她在「何時」從事這項活動。事先便計畫好很明顯地比後來才亡羊補牢地再向其他經理人解釋這、要求那會有更高的槓桿率。

以下是另外一個有關於槓桿率和時效的例子：當你知道有個極有潛力的員工決定要辭職，如果你想讓他回心轉意，最好趕快想辦法找他談談。如果一拖延，你的勝算就會降低。所以，為了要增進管理活動的槓桿率，你一定得把「時效」的重要性銘記在心。

另外也請記住：槓桿率也有可能是「負」的——有一些管理活動只會減低一個組織的產出。

如果我是一個會議的關鍵人物，而我沒準備就到達會場，這場會議不僅會因我的粗心而浪費了其他與會人的時間（這是直接成本），而且我還剝奪了在這段時間他們可以做其他事情的機會（再加上可觀的間接成本）。

經理人每次傳授知識、技能或其價值觀給部屬時，都會是高槓桿率活動，尤其當這些人再將他們所學傳給其他人時。

但同樣地，槓桿率並不一定是正的。以我對員工演講為例，我當然希望這個活動的槓桿率既高而且助益良多。在兩個小時的課程中，我傳授給大約兩百個新進員工有關英特爾的歷史、目標、價值觀以及管理風格等資訊。

除此之外，我也藉由回答問題的方式，來傳達整個公司解決問題的態度。在這些員工對公司最具熱忱的時候，這些活動也因此有了更好的效果，槓桿率隨之提高。

關於槓桿率我還有另一個例子。芭芭拉是英特爾的行銷工程師，她負責訓練一群業務代表，使他們熟悉公司產品線。如果她做好她的工作，這群業務代表在真正要上陣時便會覺得「裝備齊全，虎虎生風」；反之，他們則可能會覺得自己是砲灰。

最後一個例子是我們先前提到過的辛蒂。她所在的小組負責將某些特殊的科技傳授給公司內的生產部門。於是，她便讓這個小組也等同於一個非正式的訓練機構，以促進其他部門活動的槓桿率。

簡單動作影響大

經理人也能經由一些費時不長、但對別人造成長遠影響的活動來展現高槓桿率。業績檢討便是一個很好的例子。一個經理人只要花上幾個小時做好這項功課，便會對相關人員產生極大的影響力。

當然，在此，管理活動的槓桿率也可能是正或是負。他的部屬可能被激勵而調整努力的方向；但這項檢討報告也有可能影響到部屬士氣，甚至讓這個部屬一蹶不振。

建立索引目錄卡看似瑣碎，但對增進每日工作的效率卻有其功效。建立起諸如此類的「管理小幫手」，通常只是一開始時有點小麻煩，但一旦建立起來以後，對一個經理人生產力的影響卻極為長遠。因此，這樣的管理活動也有極高的槓桿率。

槓桿率掉到「負」值的例子其實不勝枚舉。有一個英特爾經理在做完年度計畫後發現，即使他在前一年費盡千辛萬苦降低了成本，他的部門在未來一年內還是不可能賺錢。於是他變得十分沮喪，並馬上影響到周遭的人，很快地整個部門都籠罩在一片愁雲慘霧中。而他也沒有注意到這個情況，直到有個部屬告訴他，他才發現，並趕忙重振士氣。負槓桿率的另外一個例子是「舉棋不定」：一個經理人如果拖延了決策，通常會影響到其他人的工作。

事實上，缺乏決策經常等於做了一個錯誤的決策。綠燈不亮就表示仍舊還是紅燈，整個組織的工作可能因為缺乏決策而停頓。

從以上的例子可知，「愁雲慘霧」和「舉棋不定」這兩種經理人都會有很高的負槓桿率。如果只是業務訓練沒做好，再糟也只不過是重辦訓練課程。但如果是像士氣不振或是缺乏決策的情況就難救多了，因為它們對一個組織的影響極為廣泛又難捉摸。

上級干涉（managerial meddling）是另一個常見的負槓桿率。這種情況通常發生在經理人利用他們的職權或經驗，過度參與部屬的工作，因此剝奪了部屬實際執行的機會。舉個例子，如果一個資深的經理看到一個指標顯示了一項不好的趨勢，他於是設計好一套詳細的活動方案交給原先應該負責的人——這就是上級干涉。

通常來說，上級干涉表示上級用了太多技能性的指令（不管他是不是真的懂）。負槓桿率的產生來自於當這樣的情況發生得太頻繁，下屬可能開始變得像縮頭烏龜一樣畏首畏尾，漸漸失去了解決問題的直覺，並轉而求助其上司。因為在這樣的循環下，整個組織的產出必將減低，上級干涉理所當然地便是負槓桿率。

專家的影響力

第三種有高槓桿率的活動是一個人有特殊的技能或知識，且對其他人產生影響時。英特爾負責定價的行銷工程師便扮演這樣的角色。

因為他如果把價格定太高，好幾百個業務人員都會受負面影響——不管他們多麼努力，產品還是賣不出去。當然，如果價格定得太低，我們無異於在做賠本生意。再舉另一個例子。有一個英特爾的產品發展工程師，他對某一條特定的製造流程有深刻的了解。因為這套流程會成為其他產品設計師工作的基礎，這個產品發展工程師於是掌控著極大的槓桿率。

同樣的情形，你也可以在石油公司的地質專家以及保險公司的精算師身上發現。這些都是專家對整個組織發生影響的例子。這些專家不管是擁有專門的知識、技術，或是對趨勢，市場狀況有其獨到見解，都能因而對其他人有極大影響力，其活動也因而有高槓桿率。

管理的藝術便在於如何在那麼多看來都很重要的活動中，挑出一、兩件甚至三件最重要的，然後全心全意去做。對我而言，留心顧客的抱怨具有極高的槓桿率。

除了讓顧客高興之外，它通常也提供了我一些重要的工作指示。這樣的抱怨可能不勝枚舉，雖然每一件都需要有人負責查明原因進而解決，但不見得每一件都需要我親自出馬。至於哪一件或哪些件值得好好地追究、分析，這就是管理工作的藝術了。而這個藝術的基礎便是一種能洞察出哪一種抱怨較為嚴重的直覺。

授權也是槓桿率

因為經理人的時間隨著其階層不同而有其不同價值，授權遂成為管理中重要的一環。「授權人」和「被授權人」的關係間有一個必要條件：這兩者必須有相同的資訊基礎，以及工作進行和解決問題上一套彼此認同的方法。這個必要條件經常被忽略。如果這兩者間沒有一些相同之處，那麼只有另訂繁文縟節，這個「被授權人」才有可能成為稱職的代理人，但就像我們在「上級干涉」時提到，繁文縟節通常會降低活動的槓桿率。

試著想像以下的畫面：我是你的上司，我走進你的辦公室，手上拿著一支筆，我要你來拿這支筆，你伸手來拿，但我不放手。然後我開口說：「你怎麼搞的？交一支筆給你有這麼難嗎？」

我們都有這樣的問題。我們並不想真正把工作交給別人，因為我們喜歡自己做，寧願不要假手他人。就管理效率而言這並不一定不好。只要你是在深思之後，知道即使這些事可以授權他人，但你還是喜歡自己做。你必須要確定知道自己在做什麼，並且避免若有似無的授權。如果你的被授權人猜不透是否自己已被授權或不明白被授權的範圍，將會有極高的負槓桿率。

如果有機會，你願意把你熟悉的工作或不熟悉的工作授權給別人嗎？在回答這個問題之前，先考慮以下的準則：沒有完備監督計畫的授權等於是瀆職。你絕對不能完全地抽身。即使你已經授權，你還是得負成敗責任。全程監督整個被授權的案子是確保結果盡如人意的唯一方法。監督不是干涉，而是藉由不時地檢查，來確定活動的進行一如預期。因為監督你熟悉的工作比較容易，所以如果有機會，你應該把你熟悉的工作授權給他人。但切記先前舉的例子——理智叫你鬆手，但情感上你可能老大不願意。

現在請翻回到前面「我的一天」行程表。在高階主管會議中，我們聽了兩個有關案子如何發展的後續提案。其中之一是一個極為重要的行銷個案現況，另一個則是有關如何縮短製程的案子的進度。以上兩個都是「監督」的例子。早先，我們將這兩個案子各指派給一位中階經理，並確定高階主管和這兩位經理對案子達成共識。然後這兩位經理就分頭去著手，並定期向高階主管——也就是當初將案子授權給他們的人回報。

監督原則

監督授權的方法其實和我們先前提到的品質控管極為類似。我們應該應用之前所學到的原則，在產品價值最低時便進行監督。舉例來說，你若交待部屬寫一篇報告，你應該在他草稿打好之後便拿來看，不要等他花了大把時間把報告弄得漂漂亮亮之後，你才發現其中有錯誤。第二項原則則是檢查的頻率。你應該採用不定期抽查，並且對不同的部屬進行不同的採樣方法。至於你抽查的頻率，則應以員工對授權案子的熟悉度而定。

在此特別注意的是，所謂的「工作成熟度」（task-relevant maturity）是指其對特定案子的經驗或熟悉度，而非對一般事情而言，這點我會在第十二章有更深入的剖析。當你的部屬漸入佳境，你便可以降低監督的頻率。

要有效運用品質控管的原則，經理人應該不定期地深入了解細節，而且在次數上應該「不擾民」，以確保案子以合理速度進行為限。如果深入所有細節，就好像在製造流程的最後階段中檢測所有的產品一樣。

要部屬做某些特定種類的決策通常是上司授權的項目之一。怎麼樣才能讓這類授權有理想的結果呢？你可以監督他們制定決策的過程。但這又要怎麼做呢？且讓我們檢視英特爾審核設備採購案所需經過的流程來說明做法。

我們會先要部屬在提出設備採購提案之前先將細節想清楚。接著，我們藉由問他有關申購的重要問題，來檢測他是不是真的仔細考量過。

如果他的回答很有說服力，我們便會通過此案。這套技巧讓督察的人不用一一深入細節便能確保決策的品質。

增進管理速度

當然，增進經理人產出最明顯的方法，便是增進其工作的速度。其中的關係，我們可用以下的等式表示：

$$\frac{\text{經理人的產出}}{\text{用掉的時間}} = \frac{\text{管理活動}}{\text{槓桿率} \times \text{時間}}$$

最常被用來增進經理人生產力——即他的「產出除以所用掉的時間」——的方法是時間管理。在以上等式中，便是將等號兩邊的分母減小。所有的管理顧問都會告訴你，要提高生產力的方法便是：一件事不要做兩次、只開「站著開」的會（因此不會開太長），然後把辦公桌調整成背對門口的位置。這些時間管理的技巧，都可以經由應用我前面已提過的生產管理原則而更臻完美：

一、**找出限制步驟**。首先，我們要先找出「限制步驟」——蛋在哪裡？有一些活動對經理人而言是非做不可，在行程中一定要排進去。對我而言是我在訓練員工時所上的課。我知道上課的時間，以及授課前必須有所準備。這個時間沒什麼好商量的，因為有兩百個新進員工到時會坐在那裡等我去上課。因此，我必須將這個課當做限制步驟，並以其為主來做規劃。簡言之，我們如果能找出哪些事動彈不得，再將其他活動繞著這些重要性高的來規劃，我們的工作會更有效率。

二、**類似的工作集中一起做**。第二個可以用在經理人工作上的生產管理原則是：「將類似的工作集中一起做」。所有的製造作業都需要一定的裝配準備時間，同樣地，為了要讓管理工作進行順暢有效率，我們在進行一堆類似的工作之前，也需要一些準備時間。回想我們用來生產高品質又有一致性的三分鐘水煮蛋的煮蛋機，如果我們決定從現在開始，要供應給客人四分鐘水煮蛋，我們便必須減慢輸送帶的速度，讓蛋能在熱水裡多待久一點。這樣的調整要花時間，我們不但要調整機器，而且又要多花時間檢驗這批新產品的品質。

這個「準備時間」的概念，在經理人的工作中很容易便能找到相似之處。舉個例子，一旦我們找好了訓練課用的圖表，如果我們能將其運用在其他的課程或是會議，很明顯地我們便提高了生產力。類似的情況，如果有個經理手上有一堆報告等著他討論，或是有一堆業績檢討等著他簽核，他最好便是空出一段時間，心無旁騖地逐件閱讀，如此，他在「思考活動」上的準備時間便能減低。

三、**管好你的行事曆**。工廠和修理廠的運作有何不同之處？後者通常是對有事才登門的顧客提供服務，一件事情處理完後再處理下一件。而工廠則通常靠預測。在我的經驗中，管理工作中的大部分也可以靠預測。因此，為了避免現實生活中管理工作的片段支離，將你的計畫按照你所能預測的部分來擬定是理所當然的。這其實和有效率地運作一個工廠的概念是相同的。而什麼是經理人預測時借助的媒介？答案非常簡單——他的行事曆。

大部分的人只是把行事曆當成儲存「該做什麼事」的倉庫：有人扔過來一件事，告訴這個經理某日某時該做什麼事、該開什麼會，然後這些事情就馬上顯現在他的行事曆中。這樣實在是非常被動。為要能對時間有更好的掌握，經理人應將行事曆當成用來規劃生產流程的工具。主動地先找出限制步驟，然後再將其他較不重要的活動安插進去。在把行事曆當成生產計畫工具之前，你必須先有兩項體認：

第一是你必須活用行事曆。在排定了「一定要在某個時間」做的事情後，再讓「很重要但時間上較有彈性」的事項插進空隙。

其次，對於超過你工作量所能負荷的事，你必須說「不」！在一發現事情做不來就說「不」是一個很重要的概念。先前我們已經學到，如果到了產品經過加工，有了較高價值之後，才發現產能上不能負荷而必須廢置，將會造成更多的時間以及金錢上的損失。所以，不管你明白表示不行或是迂迴示意都好。因為如果你接下了一件事，到後來沒法交差，還是等於說「不」，甚至還更糟。

我們甚至可以應用「彈性空間」的生產準則——不要把你的行事曆排得太緊湊。高速公路的工程師在設計時，便知道每段道路最大的車流量是多少。雖然少點車在路上跑好像沒有發揮其最大功效，但是如果這段高速公路便因此而只按照現今的車流量設計，那麼以後這段路一繁忙起來，整條路就變成停車場。現在我們在交流道所看到的燈號，便是一個亡羊補牢的方法，以控制高速公路上的車流量。這種概念同樣能應用在管理工作上。你必須安排一些閒置時間，如果有一些不速之客或是非預期的電話，就不會讓你一天行程大亂。

千萬記得，你的時間有限，在你接下一件任務時，你同時也拒絕了另外一件事。

四、建立指標。在此，另一個生產管理的準則——建立指標可以派上用場。生產線上的人信賴他們所建立的指標，如果線上已經到達其最大的負荷量，他們便不會再輸進任何原料。如果他們硬是蠻幹，可能便會產生問題。所以他們在一開始便對原物料的輸入進行控管，以免讓整個系統超載。

辦公室的中階或其他經理人可能會因為找不到負荷量的指標，或是覺得指標的可信度太低，而覺得這個原則難以應用。但其實該花多少時間讀一封信，或是寫一篇報告，或是和同事開會，雖然你沒有精確的答案，但心裡總有個底。你應該應用你這方面練就的直覺來規劃你的工作。

五、存貨法。另外一個我們要應用的生產管理的準則是「存貨」的概念。但這個概念在此的運用幾乎和在生產管理中提到的正相反。一個經理人必須要有一些「案子」的存貨。不要把這裡所謂的存貨和早餐店裡的生雞蛋混為一談。因為廚房裡的蛋擺久了會臭會壞，而我這裡所指的案子的存貨，是那些你並不急著完成的案子，像是有些用來增進部門長期生產力的方案。如果沒有這種案子的存貨，這個經理人可能一有空檔，就想去干涉下屬的工作。

六、標準化。最後一個要談到的生產管理原則是「標準化」。如我們所知，生產的流程一旦設定，或經過以往的試驗發現有效率後，便不會任意改變。

但在經理人身上，你總能發現他們經常在換招處理同樣的事情。我們應該設法讓處理相同事情的方法更有一致性。當然，我們也不要因此便扼殺了思考的空間。在建立標準化的行事程序同時，我們應該繼續因時制宜地想想有沒有更好的方法。

你應該有多少個部屬？

管理槓桿率中有個重要變數是「部屬的數目」。

如果部屬數目不夠，很明顯地，槓桿率會削減；但如果太多，同樣是沒有效率。根據經驗法則，如果「帶人」是這個經理人的主要任務，那麼他大約應有六到八個部屬。三、四個太少，而十個又嫌太多。這個數字是源自於經理人大約在一星期內需要花半天的時間在一個部屬身上。（如果他在一個部屬身上一週內花上兩天，可能就淪為「干涉」；而如果一個部屬只分到一個小時，那麼在會面時可能連正事的一點邊都沾不上。）

這個「六到八個部屬」是用在傳統組織架構中「帶人」的經理。那麼屬於決策支援的技術顧問又該如何？就算他連個助理都沒有，他事實上還是有部屬——就比如他服務的內部客戶。想想看，這些內部的部門可能一週內就要花掉這個顧問半天以上的時間，與他討論如何規劃、協調等等，因此當然可以算成他的部屬。所以，不管是直線的經理或是幕僚顧問，應該切記這個「六到八」的原則。

但企業也可能因為組織架構的關係，難以達成理想的「六到八人」的分配比例。一個製造工廠可能同時有工程部和生產部。在這個例子中，工廠的廠長便只有兩個人應該直接向他報告。而這位廠長可能又兼任總工程師。

換句話說，生產部經理還是得向廠長報告，但廠長可能會直接管理工程部的人。所以這個廠長實際上有六個人直接歸他管轄（見圖12）：生產部經理和五個工程師。這樣的組織架構中，工程師的層級仍舊是比生產經理低——雖然他們可能都覬覦這個位置。

干擾與突發狀況

接下來要談的一個重要的生產概念，就是「**規律化**」（regularity）。如果餐廳的顧客永遠按照固定速度上門，沒有淡旺季，廚房的工作將會更有效率。雖然我們不能控制消費者的習慣，但我們應該盡可能讓工作量不要有太大的高低起伏。

經理人的工作最好是像個製造工廠（預測生意，做好準備），而不是修車廠（只能等著生意上門）。你應該力求避免走走停停或是被任何緊急情況所干擾。當然，意外在所難免，但我們應能藉由組織在這個黑箱上「開窗」的方式，看出那些事情可能會在未來造成麻煩，找出這顆定時炸彈。你大可以在適當時機設法解決問題，而不是等到真正爆炸時才一臉茫然，措手不及。

因為經理人的工作有大部分需要與其他經理人溝通協調，所以唯有在其他經理人也有與你同樣的認知時，「規律化」才有可能達成。而經理人有了共識後，在同樣的時段裡，大家

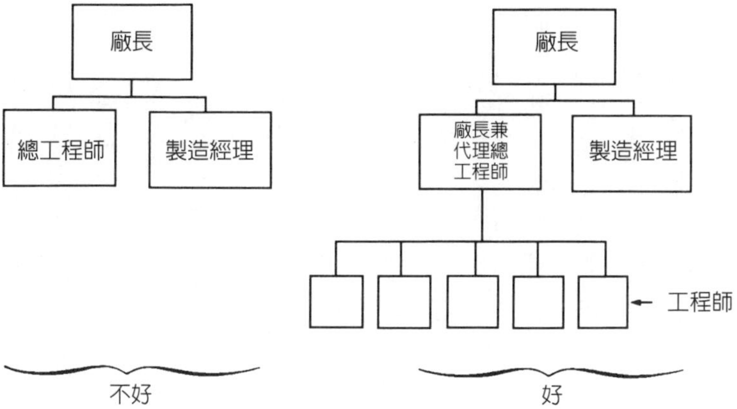

圖 12　適當的組織架構

就應該只做類似的活動。

在英特爾，整個公司已認定星期一早上是所有企劃人員開會的時段。因此，企劃人員便知道如果有其他會議需要安排時，應該錯開星期一上午。

有一次，我們請了大約二十位的英特爾中階經理人參與一項實驗。實驗中，我們將他們兩兩配對並進行角色扮演。一個仍是經理，他苦思著到底是什麼限制了他的產出；而另一個則扮演協助他分析問題、並找出可行解決方案的顧問。

最常被經理人提出來的問題是那些「不速之客」——各式各樣難以控制的干擾。幾乎不論是實際帶人的經理或是幕僚人員等都有同樣問題。而每個人都覺得這些不速之客干擾了他「份內」的工作。通常，這些干擾都來自經理人的下屬，或雖非直接受他管轄但職務上會受其影響的人。對管製造的人而言，干擾可能來自於生產作業人員、行銷人員，甚至是外面的顧客。

而實驗中顧問們提出來的解決方案多半不切實際。最多人提的是「找個地方躲起來，這樣一來便有屬於自己的時間」。這不是一個令人滿意的答案。因為這些來「干擾」的人顯然是「無事不登三寶殿」，如果經理人用各種方法「躲起來」避免干擾，問題只會愈堆愈高。還有一種方法也被提到：「叫這些人在某些時段不要打電話來」，這個也高明不到哪兒去。

解決良方

在此我要獻上解決良方。我們可以應用生產管理的概念——「標準產品」來解決此一困擾。製造商供應標準產品；同樣地，在管理工作上，你也可以針對經常碰到的問題準備好標準答案。通常，經理人的「顧客」——他的部屬或其他部門的人，不會一天到晚搞出新的問題；也因此，如果經理人能設法歸類出常見的問題，並備妥答案，便能減低處理問題的時間。當然，既然能備妥答案，也表示經理人可以將其授權給其他下屬來處理。

除此之外，我們也可以運用先前提到的「將事情堆在一起做」的生產管理準則。很多問題可以留至部門會議或是「一對一」會議時再一起處理。如果這樣的會議按時舉辦，當你要求部屬將問題集中到開會時再提，他們應該不會向你抱怨。如此你便能減掉不少干擾。

此外，運用「指標」——尤其是長期以來建立的指標，也可以減少經理人處理干擾的時間。回答一個問題的速度，取決在他要花多少時間找到相關的資訊。如果這個經理人已建立了一個資料庫，他便不用在每次有人丟個問題過來時，就忙得手忙腳亂。

如果干擾你的人知道他們對你造成多大的不方便，他們也許就會自律一點，不會一有點雞毛蒜皮的小事就如火燒眉毛般地來找你。同時，經理人應該強迫那些經常登門造訪的「顧客」先想想有些事是不是可以先等一等。他可以在辦公室門上掛出免戰牌：「我要處理一些事。除非你真要掛急診，否則在下午兩點以前敝人不應診。」然後再列出一些時間，歡迎這些顧客有任何問題都可以上門。

這個問題的關鍵是：你的顧客也是有事才來相求。但你可以想辦法「轉干擾為規律」。為他們提供一些多元的「就診途徑」（諸如會議或特別的時間）來處理他們的問題。

我們要學到一個重點：「建立起處理問題的模式」。在製造生產上，「將不規律的化為規律」是非常基本的。這也是處理那些讓你效率降低的干擾時可以用上的。

4 管理的必經之途：開會

彼得杜拉克曾說：「如果一個經理人花超過二五％的時間開會，這個組織大概有問題。」你絕對無法避免開會，但你可以讓會議更有效率。

開會這事幾乎是惡名昭彰。有一派管理學者認為經理人是打開天闢地以來就被下了咒，逃不過開會這一關。

曾有人做過研究，發現經理人花超過五〇％的時間在開會上，並且暗指這是浪費時間。管理大師杜拉克也曾說，如果一個經理人花超過二五％的時間開會，這個組織大概有問題；而懷特（William H. Whyte Jr.）在他所著的《組織人》（*The Organization Man*）一書中，也將會議描述為經理人必須忍受的、沒有絲毫貢獻的勞力工作。

但也有一派學者對開會持不同看法。早先我們提到過，中階經理人工作中很重要的一環是提供資訊與技術，並且傳授給受他管轄或影響的人較理想的行事方法；另外，經理人也必須制定決策，或者幫助別人制定決策。而這兩種職責，都非得面對面開個會才能解決。

因此，我必須重申：會議是從事管理工作必經的媒介。你絕對無法避免開會，但你能讓會議更有效率。

以上提到兩種不同經理人的職掌也因而造就出兩種不同性質的會議。第一種有關於知識技能與資訊交流的，我們稱之為**「過程導向」會議**，通常屬於例行性；而第二種則是為了解決某些特定的問題，我們稱之為**「任務導向」會議**，在這樣的會議中，通常會有一些決策產生。這種會議舉辦的時間不定期，因為我們很難預測在什麼時間、什麼環節會出問題。

過程導向會議

「規律化」是提升此類會議效率最好的方法。換句話說，與會的人都已經明白會議運作的方式、需要討論的議題，以及需要達成的目標。會議的設計，應該能讓經理人將同種性質的管理工作聚集在一起，以減低準備時間。

當會議的進行形成規律性之後，參與會議的人就更能預測會議所需時間，也因此在每個經理的「生產控管系統」上（也是在他們的行事曆上）就能有明確的記載，不會因為太多的不確定性或變動而造成太大衝擊。

在英特爾，過程導向會議又可分為以下三類：一對一會議、部門會議，以及營運檢討會議。

一對一會議

在英特爾，一對一會議通常是由經理人召集他的部屬，而這也是維繫雙方從屬關係最主要的方法。一對一會議主要的目的在於互通資訊有無以及彼此學習。經過對特定事項的討論，上司可以將其技能以及經驗傳授給下屬，並同時建議他切入問題的方式；而下屬也同時能對工作的進度中碰到的問題做回報。就我所知，其他公司很少定期舉辦一對一會議。

我曾經問過其他公司的經理有關一對一會議的頻率，通常所得到的答案是：「我和部屬（或是上司）開會不需要特別安排時間……我們一天到晚在公司裡見面。」但一對一會議和上司與下屬在公司裡偶爾碰個面或甚至因應特定議題的任務導向會議是大不相同的情境。

我在英特爾草創之初，負責管理工程部門和製造部門。由於之前的工作經驗都是在半導體，因此，我對公司中最主要的產品線——記憶體設備的一些製造竅門幾乎一無所知。所以我便請受我管轄的工程部和製造部門主管私下幫我惡補一番。在這樣的會議中，下屬努力地教，而上司也賣命地學。隨著英特爾的成長，這種會議的精神也因而發揚光大。

誰應該開這種一對一會議呢？在某些情況下，一個經理人也許應該要求每一個受他管轄的部屬都出席會議，但這不在我們現在討論的範圍。我現在談的是上司和直接向他報告的下屬之間的會議。

至於一對一會議該多久開一次，或者換個角度來說，你該如何決定與某甲或某乙多久開一次一對一會議？答案在於這個部屬對工作的熟悉度。他對手上這個特定工作到底有多少經驗？特別注意這裡所指的經驗並不是一般概括性的經驗。有效率的管理是隨著部屬對工作的熟悉度，而施予不同程度的控管。如果他處理的是新案子，你應該提高和他開會的頻率（也許一週一次）；反之，如果他對這個案子已經是個老鳥，你可能一個月和他開一次會就夠了。

另外一個你必須考慮的因素，則是在這項特定工作中事情變化的速度。舉個例子，行銷部門所需要的開會頻率可能高於研究部門。因為市場狀況瞬息萬變，而研究人員在有了一定的工作熟悉度後，通常較能獨立作業。

一對一會議該開多久我沒有明確的數字，但必須讓部屬覺得時間足夠到提出一些棘手的問題。試想，如果你碰到一個問題想和上司討論，他對這個問題的關心度應該僅次於你，但會議只預計開十五分鐘。這樣的狀況下，下屬大概連提都不想提。我覺得一對一會議最少要開一小時，短於一小時的會，你的部屬在提問題時，可能只是「柿子挑軟的吃」。

這種會議該在你的辦公室或部屬的辦公室舉行呢？或是你們應該另找一間會議室？我的建議是在他的辦公室，或至少離他比較近的地方。藉著到他的辦公室，你可以順便了解其他的事情，如：他做事是不是很有組織？他會不會花很多時間在找東西？他在開會中是不是一直有人或電話干擾？或者是總體而言，他做事切入的方式如何？

你必須將一對一會議視作部屬的會議，他應該負責會議議程以及會議氣氛。會議總得有人要負責準備。如果一個經理人有八個部屬，而準備的責任在他，他便必須準備八次；但責任若在部屬，他們每一個人只要準備一次。

這當然不是說部屬應負責準備一對一會議的全部理由。因為除此之外，藉著準備會議綱要，他必須在事先仔細考慮要提出討論的事；更甚於此，上司也可以在一開始就知道要討論哪些事項，因而設定好會議進行的步調。這份綱要還能讓部屬知道有哪些相關資料必須要事先準備好，並且在會議中讓上司了解。

上司的角色

有哪些問題應該在一對一會議中討論？會議可以從一些績效數字，或是部屬用來當指標的訂單量、生產量、專案進度等等開始。

有問題的指標應該特別強調。會議同時應該涵蓋前次會議之後發生的任何重要事情，無論是人員招募或是一般人事、組織的問題，或有關未來的規則等都可以拿出來討論。

重要的是部屬應負責提出潛藏的問題。雖然問題可能不明顯，但部屬只要感覺事情有可能出錯，他就應該讓上司知道。因為經理人便可以趁此在組織的黑箱上開幾扇窗，一探究竟。那些讓部屬覺得心煩或是不知所以的事，便是會議中最需要討論的事項。通常這種問題都不明顯，要花些時間才會浮上檯面。

上司在一對一會議中應該扮演什麼樣的角色？他應該是個協調者，讓部屬能暢言他工作的狀況或有什麼不順的情形。這個上司集「學生」和「教練」兩個角色於一身。杜拉克曾對經理人在這方面的職責下過很好的定義：「善用時間的經理人不必告訴部屬他們的問題——但他知道怎麼讓部屬告訴他他們的問題。」

這要如何做到呢？你可以套用我的秘訣：「再多問一個問題。」

當經理人覺得他的部屬已經講完他想說的話的時候，他應該再多問一個問題。他應該藉著發問，讓雙方的思想交流，一直到彼此都覺得已經「知無不言，言無不盡」。

我還要提供另一些讓一對一會議更有效率的招數：

第一，上司和部屬兩方都應該握有會議綱要，並且都在會議中做筆記。這有幾個目的。我幾乎無論在任何場合都會做筆記，而且經常是做完了就不再看第二遍。主要目的是讓我在會議中能專心，並且消化我所吸收的資訊。藉著在會議綱要上做筆記，我被強迫要將資訊循邏輯方式分類，因而能更有效地吸收。

其次，同樣重要的是「寫下來」這個動作所象徵的意義。當你的部屬在你提出建議之後馬上動筆記下，這個動作其實表示的是一種承諾。就像握手一樣，你可以確定你會看到事情的進度。而上司也可以經由筆記，在下一次會議時追蹤進度。

三、**「建立存檔」是一種很有效的節省時間方式**。不管是上司或部屬，都可以將一些重要但不太緊急的事項列入此檔案中，留待下次討論。這是生產管理原則中「分批處理」的再應用。藉此，我們可以減少突發狀況對我們產生的干擾。

四、**上司應該鼓勵部屬在一對一會議中講些「內心話」**。藉此會議，上司可以了解部屬平常不願意講的工作問題。他是不是對他的績效滿意？他是不是有了挫折或碰到阻礙？他是不是對未來產生了懷疑？但這種「交心談話」必須慎選時機。如果不巧地，你們在會議快結束時才談到這種話題，你的部屬可能只告訴你他工作不順想離職，而你只剩下五分鐘處理這個棘手的狀況。

五、隨著現代企業的規模擴展，藉由長途電話舉行一對一會議愈形重要。**但這樣的開會方式唯有事前妥善準備才能奏效**。上司仍舊必須在會議之前拿到會議綱要，而雙方也都還是必須做筆記。因為你無法看見對方的動作，做筆記當場的意義便比不上面對面會議；但不妨在會議後交換筆記，讓彼此了解對方立下的一些行動承諾。

在每一次會議結束前，應該計畫下一次開會的時間。藉此可避免因為與其他事撞期而必須取消會議。例如你可能設定每個隔週三為和某甲開會的時間，但他可能因為年休假而必須改期。如果在每次開會結束前定好下一次開會的時間，便可以減少這類困擾。

一對一會議的槓桿率

至於一對一會議的槓桿率，可以經由以下例子來解釋。假設你和你的部屬每隔週開一次會，而每次的時間為一個半小時。你花的九十分鐘不僅能提升這個部屬接下來兩週也許超過八十小時的工作品質，而且又能增進你對他工作的了解。無庸置疑，一對一會議能發揮的巨大槓桿率，而這都是經由上司和部屬間建立起共同的資訊基礎，以及近似的處事方式來達成。就像我先前所提，這也是要達到「成功授權」唯一的途徑。

在此同時，如果上司想要做好決策，他在會議中「從部屬身上學到的事情」絕對很重要。最近我和英特爾的業務部門主管舉行一對一會議，我們檢視了訂單的趨勢指標，我對這些事並不是非常懂，但他提供了數據以及資料，告訴我這條產品線的生意已經停止成長。雖然夏天生意本來就比較不好，但他向我證明這不光是淡旺季的關係。經過一番思考之後，我們很心不甘情不願地接受了這個事實。這表示之後我們對此產品線的投資要轉趨保守——這可不是小事一樁。

經由資訊分享，我們建立起共同的信念以及結論：擴張計畫轉為保守。他決定要縮減他部門的成長，我決定把我和他開會的結論轉達給其他部門主管。這個一對一會議，因為對整個公司都有影響，也等於創造了極大的槓桿率。

雖然有點離題，但我想一對一會議對你的家居生活也有幫助。我有兩個正值青春期的女兒。我發現當我們是一對一的時候，所談的話題和談話氣氛和其他場合都不一樣。一對一讓我們可以較嚴肅地談一些細微且複雜的事情。因為我的家庭一對一會議通常是在餐廳舉行，因而沒有筆記，但這種父女聚會和公司一對一會議極為相像。以上兩者我都極力推薦。

部門會議

部門會議的與會人員包括部門主管及其部屬，也因此提供了一個同事間互相交流的機會。之後我們將會談到，同事間的互動並不是件容易的事，尤其是涉及到制定決策時更是難上加難，然而這卻又是做好管理工作的關鍵之一。

藉著部門會議，你可以了解部屬之間的互動關係，並且促進這種關係好好發展；同事之間也能更互相認識，而經理人也能藉此學會角色互換，他必須知道和其他經理人共事時，要如何才能更有效率。

部門會議也讓上司能夠在會議的衝突或是交換意見中更了解事情真象。以我自己來說，在開這種會時，如果有兩個人對同一議題持不同意見，通常我在他們的爭辯中，可以更清楚地了解這件事情。

我第一次的部門會議經驗是在好幾年前，那時我是一群半導體設備研究工程師的主管。這群工程師要不是做不同的案子，就是各以不同的切入點研究同樣的問題。我是部門主管，但我發現這群人對彼此工作的了解經常勝過於我對他們工作的了解。於是我們在開部門會議時通常也比較火熱。我覺得這遠比他們單獨向我報告好得多，我在部門會議中因部屬之間的討論而更有收穫。

有哪些事是應該在部門會議中談的呢？只要問題牽涉到兩個部屬以上，都應該是會議討論的議題。但如果一不小心，會議變成只有兩個部屬之間的對談時，經理人要趕緊站出來把他們打斷，告訴他們私下或以後再談，然後進行下一個議題，讓更多人能參與會議。

這種會議的結構又該如何呢？是天馬行空的腦力激盪或是井然有序地按議程進行？我的建議是這種會議必須有計畫地進行，而且與會人員應該事先知道要討論什麼，這樣他們在開會前就能做好準備。但同時部門會議還是應該保留一段開放時間，讓大家能暢所欲言。這段時間他們可以談一些工作上的枝微末節，或甚至提出一些還未成型的提案。如果你覺得可行，也許便可以將此列入下一次部門會議的議程中。

上司該在這樣的會議中扮演什麼樣的角色？是領導會議進行，或是在旁觀戰？是該密切監視會議的進展，或是直接參與發問與決策制定？答案是「以上皆是」。但請注意：我並沒有將當個「主講人」包括在內。開部門會議並不是讓經理人扮演一個高高在上的角色的時候。部門會議最主要的目的在於自由討論，如果經理人藉此機會運用權勢開始其「一言堂」，無異於葬送了會議的基本精神。

圖13告訴我們，經理人在會議中最主要的角色為協調者，負責控制會議的進度和化解紛爭。會議的議題應該讓部屬負責，而經理人的責任則是讓會議進行不要離題。部門會議是制定決策的理想途徑，因為與會人多半已在一起工作有一段時間，大家對彼此都有一定程度的了解，知道誰喜歡大放厥辭或是在開會時做白日夢，或是誰在某一方面是專家……部門會議其實就像一家人在餐桌上的對談；而企業其他類型的會議裡，通常與會人士不見得熟識，感覺上常像是一群陌生人聚在一起但要做出一些決定。

營運檢討會議

這種會議讓一群不常合作的同事能有互動的機會。因此，在會議議程的設計上，應該讓與會的人有機會向同事介紹他們工作的內容，使大家能對公司有更深的了解。

在英特爾，營運檢討會議最主要的目的是想讓因組織關係而沒有機會開一對一或部門會議的人，也能有機會彼此學習及分享經驗。這對新進或是資深的經理人都有助益。

菜鳥經理人可以從老鳥的批評、意見或建議中獲益，而老鳥經理人也經由菜鳥的深入細

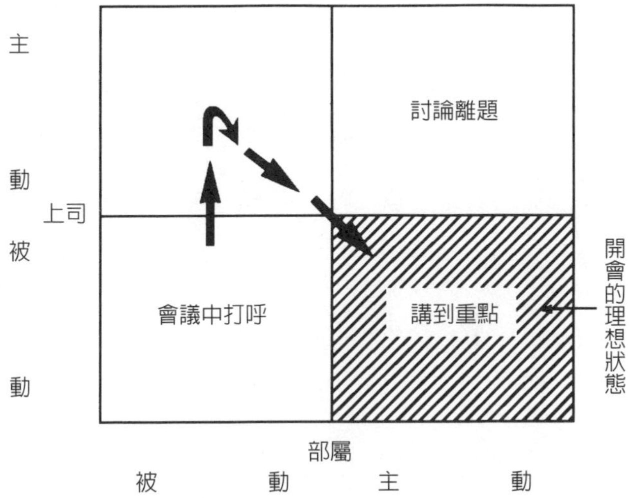

圖 13　上司在部門會議中的角色應在於讓討論不偏離主題，讓部屬能多表達意見，說到重點。

節，而能對問題有另一層的認識。這種會議同時也有激勵的作用：這群與會經理人在開會提案時會力求表現，一方面盼獲上司的注意，一方面也想在同儕之間脫穎而出。

在營運檢討會議中有哪些重要的角色呢？大致上可分為以下四種：會議召集人、檢討負責人、提報人以及其他列席者。為讓會議成功，每個角色都極為重要。

一、會議召集人

提報人的上司是當然的會議召集人。我們以英特爾的行銷部門為例，如果是產品經理提報，產品群經理就該負責組織起這場會議。包括幫助這個產品經理決定什麼該講、什麼不該講、什麼該強調、又有哪些事該深入細節。這個上司還得負責會場布置，包括借會議室、準備視聽器材、發會議通知等。除此之外，他還得扮演計時員、安排議程，並確定會議按計畫進行。雖然討論所需時間很難掌控，但做為老鳥的上司總是比較有經驗。如果在會議進行中，他發現提報人有逾時之虞，他應該用一些暗號讓提報人知道，免得提報還沒談到重點，會議就結束了。

二、檢討負責人

這個角色通常是由一個事業處的總經理或資深主管擔任。這是個重要且要懂得拿捏分寸的位置。他綜覽營運成效，提出問題及意見，並且得同時教會與會部屬處理事情的應對進退。他是引發與會人員參與會議討論的觸媒，以身作則地帶動自由討論。他不應該在會議前先閱讀相關資料。因為身為這群部屬的表率，他應該能在會議中臨場因應。如果他在事先就套好了招，那就沒看頭了。

三、提報人

提報人應該盡可能地利用各種視聽輔助器材：如幻燈片、投影機等等。人在吸收資訊時，視覺和聽覺同樣重要；如果能同時運用兩種媒體，必能幫助與會人員更容易了解提報內容。但注意不要反客為主。畢竟幻燈片只是用來輔助。我曾經不只一次看過某些經理人的提報——他用遍了他的幻燈片但聽者仍舊不知所云。根據我的經驗，四分鐘的討論或提案用一張投影片是適當長度。這可以是圖表或是統計數字。提報人可用光筆或奇異筆在表上標出任何他希望強調的部分。在整個提報過程中，他都必須仔細觀察與會人員的反應。他們的面部表情或是肢體語言都可以反應出他們是不是聽懂、是不是希望提報人再重述一次，或是他們覺得很無聊，希望會議趕快結束。

四、與會者

其他與會者並不是就坐在那裡翹起二郎腿。他們的參與以及發問，對一場有效率的營運檢討會議不可或缺。如果一個參與會議的人從頭到尾都不正眼瞧一下提報人，或是在一旁打呵欠看報紙，那實在是比不來還糟。因為他不但削弱了提報人的自信，而且也浪費了自己的時間。想辦法讓這段時間提升你及整個公司的效率，專心聽講並且抄下一些也許值得一試的事情。

如果有什麼事情你聽不懂，或是有其他意見，就儘管發問。每個與會的人都有責任在提報人說錯話或提供錯誤數據時更正他。千萬記住，**「老闆是付錢請你來開會，而不是請你來午睡。」開會，也是你的工作職責之一。**

任務導向會議

我們先前提的「過程導向會議」，基本上其召開頻率都是事先規劃好，會議功能則以資訊交流為主。但任務導向會議則不然。這種類型的會議通常用來應變，而且必須產生決策。

任務導向會議成功與否的關鍵在於主席，但通常沒有人掛這個頭銜，無論如何，總會有個人最在乎這場會議的結果。

事實上，也通常是這個主席負責召集會議，他應該在會議舉行之前就開始忙了。但經常他在會議中只是表現得和其他列席人員一樣，然私心裡盼望會議結果能如他所願。如果會議無法達成預定的目的，這個主席要負全責。

因此，這個主席對會議該如何進行，有哪些決策需要制定，必須瞭若指掌。如果你不知道你想得到什麼，那麼你就什麼也得不到。所以，在召開會議之前，先問問你自己：我有什麼任務要藉這場會議達成？是不是有必要？如果你還有一點遲疑，或還有其他辦法可以協助你達成任務，就先別動開會的念頭。

據我的估計，一個經理人的時間成本（包括任何費用），大約是一百美元一小時。所以，如果有一場會議長達兩小時，並且有十個經理人與會，這場會的成本便高達兩千美元。即使身為集團總裁，當葛洛夫——我的支出達兩千美元——不管是買台影印機或是商務旅行，都還得事先向財務主管報備；而經理人卻常因一時興起就開場價值兩千美元的會？所以啦，即使你只是受邀列席，你也應該先問問自己：這場會是不是該開？你是不是該在場？如果你覺得沒必要開或你不一定要列席，趕快告訴這場會議的主席。

在你還沒投入大量時間及公司的資源之前，你便該先確定會議的目的。沒必要的會在其附加價值尚低時就及早取消，然後找其他替代的方法（一對一會議、打電話或是留紙條）幫助你達成任務。

現在假設有一場會是非開不可，這個主席馬上面臨了一連串的事情必須要辦。第一要務是決定誰應該出席，然後趕快發武林帖。但絕對不是發了會議通知或打電話問問就了事，你必須要確定這個人能否出席；如果他正巧有其他要事撞期，那麼你便要請他找個能代理他說話權限的人來。

這種要做決策的會，通常如果與會人員超過六或七個時，就會有點兒推不動。八個人絕對是上限。

決策會議不容有人「隔山觀虎鬥」，這種旁觀者只會阻礙決策進行。主席也必須維持會場的紀律。他絕不該允許有人遲到而浪費大家的時間。記得這種會的成本是每小時一百美元乘上參與會議的人數，浪費時間就等於浪費公司的錢。對遲到的人絕對不要客氣，就像你如果逮到一個人從公司偷走價值兩千美元的設備，你不會給他好臉色看一樣。

當主席終於可以把重心擺在議程上時，他必須要確定所有視聽器材都已齊備，在會議室裡恭候大駕。他還必須確定每個與會人員都已拿到了議程。從議程中，大家都知道會議的目的，以及每個人所須扮演的角色。以下便是一個議程的範例：

致：遠東廠廠長、製造部經理、集團營建經理、總裁

發件人：遠東區營建經理

主題：【菲律賓工廠地點決定案】

時間：十月一日星期五上午十一時至下午一時

地點：聖塔克拉拉會議廳（二〇二室），並經由電傳與鳳凰城會議廳（四室）連線

會議目的：【決定菲律賓工廠建立地點】

議程

11:00—11:30	製造上的考量（遠東廠廠長）
11:30—12:00	營建上的考量（遠東區營建經理）
12:00—12:45	檢討可行方案並決定最佳方案（遠東區營建經理）
12:45—13:00	討論（全體與會人員）

這整件事看來也許有些太繁瑣，但到底是「有紀律」或是「太枝微末節」全在你怎麼看。如果主席要你會前一定要準備並準時，你可能會覺得他嚴苛；但換個角度想，如果你準備齊全又準時到達，而有另一個與會人員遲到又沒準備，你八成在心裡嘮叨半天。

我猜想醫院手術房也許很類似：在場的醫護人員有時也許並不百分之百要求精確，但身為一個病人，我總希望手術房裡愈有紀律愈好。

會議一旦結束，主席便應以送發會議紀錄的方式確定決策的內容，以及即將採行的方案。會議紀錄送發的時效很重要，愈快愈好，最慢也要在與會人員忘記開會內容之前送到他們手上。會議紀錄應該盡可能地詳細，讓看的人知道有什麼事該做、誰負責去做以及什麼時候做。這看來似乎很麻煩，但如果這是一場值得開的會，做會議紀錄只不過是另一點小小的投資（高槓桿率的活動），而卻能有極大的回報。

理想狀況中，經理人應該從來不需要開這種應變式的任務導向會議，因為所有的事都應該在例行性的過程導向會議中處理好了。

但在現實的情況裡，過程導向會議大約只能處理八〇%的事情或是問題，剩下的二〇%還是得靠任務導向會議來解決。還記得杜拉克說的話嗎？他說如果經理人花超過二五%的時間在開會上，這個組織大概出了問題；我覺得這句話必須改一改：**「如果經理人花超過二五%的時間在『應急的任務導向會議』上，這個組織一定有毛病。」**

5 不揮舞權杖的決策

我們希望決策是由離問題最近。而且最了解問題的人來制定。

制定決策——或更準確地說，參與這些決策的制定過程，是每個經理人每日例行工作中非常重要的一環。決策的範圍極為廣泛，可能很籠統，也可能很瑣碎；有時複雜，有時又很簡單：我們該買一棟辦公大樓或是用租的？這筆帳該記負債還是資產？該錄用某甲或是某乙？該調薪七％或是一二％？我們能否將某產品的原料用量調低而不影響品質？在法院上訴時，如果我們選這條法條站不站得住腳？能不能勝訴？部門耶誕晚會的飲料是不是要免費供應？

在傳統產業中，管理層級及命令傳達的架構通常都十分清楚，負責制定某種決策的人在組織圖中也占有與此決策相關的特殊位置。俗話說：「位高」（即在組織圖中的地位）「權重」（制定決策的能力或權限）。但如果是一家以資訊及科技主導的公司，決策系統可能就大不相同。決策權不再完全由位階決定，另一種熟稔知識及技能，但職位不高的決策新秀焉然而生。

這是為什麼呢？因為資訊及科技一直在變，一個在多年前畢業的大學生，即使他在當時掌有最先進的科技，且經由不斷努力獲得擢升；隨著時移物往，他在組織圖中的位置不斷往上，但他對最新科技的了解早已經大不如前——可能遠不如一個初出茅廬的大學理科畢業生。

換句話說，即使這位經理人在加入公司時是科技菁英，他現在對公司的「最新科技」的貢獻還是大不如前。至少在我們公司是這樣，**經理人每天都在折舊**。因此，像英特爾這樣的科技公司，必須採用和傳統產業不一樣的決策系統。如果我們用傳統產業的那一套，有些決策制定可能會落在不是真正明瞭該項科技的人身上。

如果一個企業要靠知識程度賴以謀生及成長，「知識的力量」與「位階的力量」之間的分歧會愈大。

如果你的企業成功關鍵在資訊及科技，你該採用哪一種決策系統？再一次，中階經理人又扮演十分重要的角色。因為他們不但能連結好上令下達的架構，而且能讓握有「權力」及「知識力」的兩種人共榮共存！

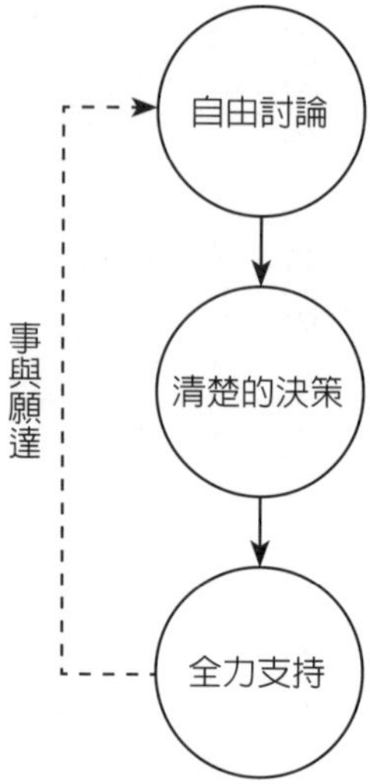

圖 14　理想決策過程的三個階段

理想的決策模式

階段一：自由討論

圖14顯示了在一家以知識工作為主的企業裡，理想的決策模式為何。決策第一個階段是「自由討論」，這個階段所有的論點都歡迎提出，且每個人都可陳述其立場。愈多的歧見及爭辯，愈能得到「自由」二字的真義。這件事看來真理甚明，但在實務上卻經常不是這麼一回事。

我們常常看到的情況是：當討論漸趨白熱化，與會的人開始躊躇不進，希望能夠知道別人（尤其是老闆）心裡怎麼想，一言不發直到他知道（或感覺到）哪一派論點有可能「獲勝」，然後又開始高談闊論地支持這一派，免除了被歸為「異類」的悲慘下場。

更奇怪的是，有些公司還真的鼓勵這樣的行為。以下便是我從報紙上摘錄的一段有關美國某汽車公司的敘述：「在一場我非得採訪的會議中，有人告訴我：在這家公司裡能幹到高位的人都知道什麼時候才該開口——他們通常等到上面的人表達了意見或是立場之後，才開始陳述意見支持上司的論點。」

這種管理方法真是糟透了。這樣的會議所產生的決策品質一定不會太好，因為懂得門道的人並沒有真正貢獻他們的知識及能力，決策只是根據並不完全的資訊。

階段二：清楚的決策

圖14的第二個步驟是「清楚的決策」。在討論階段有愈多不同的意見，才愈有可能在此階段達成「清楚」的決策。事實上，在讓決策變得更清楚的過程中經常有段陣痛期；但一般人的反應是粉飾太平——當我們發現決策內容可能引起大爭議，我們愈傾向於模糊決策的內容以避免爭議。我們必須了解，口頭上含糊其詞絕對解決不了問題；你愈虛與委蛇，那些對決策內容不滿的人會愈抓狂。

階段三：全員支持

決策產生後，便是最後一個階段——所有與此決策有關的人員都必須全力支持。這並不表示每個人都完全同意此決策內容，「不同意但可以接受」的態度也不算太壞。

很多人沒辦法支持他們不贊同的決策，但不論如何，事到執行階段，他們還是得支持；

即使大家的原意都把公司利益列為優先考量，我們還是很可能會有不同的意見，還是得支持最後不盡然令人滿意的決策；即使我們使盡全力想讓大家都同意大部分議題，總還是會有一些事項沒法得到共識。但公司全靠共識是活不下去的，它最主要還是靠大家對決策的支持。由此，整個公司的營運才能推動。經理人在決策過程中所能做的，便是得到所有相關人員支持決策的承諾。

以上這個理想決策模式看來似乎很容易做到。但在實務上，我發現只有對兩種人「似乎還算容易」。一種是公司的高階主管，因為他們在公司裡待得夠久了，知道事情該怎麼做，而且和公司有同樣的價值觀；另一種是剛進公司的大學畢業生，因為他們在學校裡和同學合作寫作業時就用這個模式。

但對中階經理人而言，這套決策模式似乎是「知易行難」——理論上很容易了解，真正在實務上卻不是這麼一回事。

這是因為中階經理人通常很難自由表達他們的意見、很難下一些困難或讓人不愉快的決策、而且更難去支持他們不贊同的決策。雖然我知道這套模式不會馬上風行草偃，但我相信這套邏輯遲早會被大家廣泛採用。

交給基層

在理想的決策模式中，還有一點很重要且必須一提：「決策的制定及執行應交由最低階層」。因為我們希望決策是由離問題最近、而且最了解問題的人來制定。在這裡我所說的「了解」並不只是「技術上」的了解，還包括經由過去實際經驗累積出的判斷力。

因此，理想上，決策的制定者應該兼具專業知識以及經驗，但在實際上，如果找不到這樣的人，你便應該想法子找到「最佳組合」——像是一群有專業能力及沙場老將的組合。就經驗考量，英特爾的決策會議中，通常會指定一位資深經理人與會。但更重要的是會議中大家必須排除位階觀念，在自由討論的階段，每個人的意見都應該有相同的份量。

曾有一個對我的管理風格很困惑的記者問我：「葛洛夫先生，你的公司強調『平等要看得見』；員工穿非正式服裝上班、用隔板代替個人辦公室，即使是高階主管也沒有專用停車位，是不是有點走火入魔了？」這並不是走火入魔，這根本只是企業求生存的方法。在我們這個產業，必須要結合具有「知識力」及「權力」的人，一起做決策。如果我們沒辦法讓這兩種人合作提升決策品質，那企業衰亡幾乎指日可待。

這個年頭，階級已不再代表「我說了就算數」；你的意見會不會被採納，全在於是不是有需要。

同儕團體症候群

另一個讓理想決策制定模式窒礙難行的原因，是因為每一個參與制定決策的人都有諸如自尊、野心、恐懼及不安全感等種種情緒反應。而當這群還不習慣與彼此共事的人被湊在一起制定決策時，這些情緒很容易會浮上檯面。因此，我們必須再想想到底是哪些理由阻礙了這套模式的運作。

有個常見的原因是所謂的「同儕團體症候群」。幾年前在英特爾的經理人訓練課程中，我們曾經讓學員以角色扮演的方式，了解一群同儕共同解決問題或制定決策時，會發生什麼狀況。我們讓這群人繞桌而坐，並請他們解決一個問題。每個在場的人都是相同位階。會議主席的位階稍高一級，但我們故意將他從會場支開，所以他根本不知道他離開時會議進行的情況。

結果在場的觀察員完全無法相信擺在眼前的事實。在這場實驗性的會議中，這群不知情的「天竺鼠」經理們，花了將近十五分鐘的時間還找不到問題的核心，而且沒有一個人注意到他們只是漫無邊際地打轉。當主席回到會場坐定，聽了一會兒這些人的討論後，他也無法置信局面竟然這樣。我們的觀察員注意到會議主席傾身向前，彷彿希望能多了解一下狀況，然後他烏雲罩頂，臉色愈來愈難看，最後終於拍桌大罵：「你們到底在搞什麼把戲？弄了半天還在這裡兜圈子！」就在會議主席的干預之後，事情很快就解決了。

我們將最後有人拍桌子導正主軸這招稱為「同儕團體再加一」(peer-plus-one)，從那一次實驗之後，我們便將它應用於決策會議上。當一群職位相當的人要開會時，總需要有一個職位較高的人與會——他不見得最能幹或最具有專業知識，但他能夠掌控會議的進行。

不想和別人意見不同

不過，為什麼同儕團體裡會有這種狀況？因為大部分人還是習慣當縮頭烏龜。我們以英特爾軟體工程師約翰曾觀察到的事實說明原因。

約翰的所見如下：「不想和別人意見不同」是大家寧可當縮頭烏龜的原因。通常開會時會先有一段「試探期」，大家開始捉摸彼此的立場與想法，希望在有人必須冒險提出一己之見之前就能產生共識。如果他們覺得已有了共識，就會有人以：「我想『我們的』意見(或看法)……」這種語調發言。請注意哦！這句話代表這是「大家的」意見，而不是他自己的意見。這個人的論點一開始可能很薄弱，但只要其他人買他的帳，這個立場就會愈來愈強。

我們可以察覺出約翰所言和先前汽車公司的例子之間的差別。在先前的例子中，與會的人期待會中的大老先提出立場；而在約翰所舉的例子中，這些人則是在等待共識的形成。這兩種人際互動關係雖異，但基本的相同點是「人很難隨『心』所言」。這讓經理人更難做出好決策。

如果參與決策的人都是身經百戰、多謀善慮的老將，他們的自信心便能克服同儕症候群；尋根究底，他們的自信心有個重要的來源是因為他們知道「犯錯難免」。**不管是做錯了一個生意上的決定、採行了不適當的行動、或是意見沒被採納，都死不了人。一個企業體應該讓每一個人都了解這一點。**

如果在會場中發現「同儕團體症候群」蠢蠢欲動，但又苦無一位「官派」的主席，這個時候，誰跟會議的結果最有利害關係，誰就該站出來。如果這樣還是找不到人，那麼就找最資深的人當頭。也許他在這個特定的問題上並不見得最懂——甚至還是最不懂，但他應該最能夠扮演一個類似教父的角色。他知道決策應該如何制定，也因此給了與會者制定決策所需的信心。

怕人家覺得自己笨

「怕人家覺得自己很笨」是一種足以讓不論是擁有專業知識或位居高位者癱瘓的想法。對資深位高的人而言，他很可能因此不敢問問題，即使是事關緊要；而更多人在開會時可能只會在心裡東想西想，而不敢把自己的意見說出來，最多也只和坐在旁邊的人竊竊私語。身為經理人，你必須不斷提醒自己，惟有大家都貢獻所知，並且提出所有相關問題來討論，決策的品質才會更臻理想。

另外一個現象則和與會人員裡有的層級較低者有關。這群人可能害怕意見被駁回，在同事面前當場顏面盡失，因而不願意發言，自動讓較資深的人掌管決策主導權。

有時候問題可能複雜到所有與會的人都不知如何是好。當知識和位階沒有交集的時候，不確定感會特別明顯；因為通常知識能力較高的人並不喜歡市場因素介入決策考量。所以我們常會聽到他們抱怨：「搞不懂公司（或是部門）到底要些什麼東西。」同樣地，經理人雖有權力，但也常因對科技了解不足而無從下手。

我們必須克服這些魔障。我們都具備聰明才智以及意志力，應該能克服「怕人覺得自己很傻」以及意見不被採納這些恐懼，從而能夠參與討論並有自己的主張。

還是回到產出

有時候經過充分討論還是產生不了共識，然而做決策的時限又迫在眉睫。

當這種情況發生時，較資深的人（同儕再加一）雖然在之前只是扮演類似教父的角色，在此時也必須「趕鴨子上架」地擔負起決定的重責大任。如果整個決策會議的過程都合乎之前所列的步驟，這位資深的經理應能藉由會議中的充分討論、廣集各方觀點及數據事實便能做決定，而不必憑藉位階賦予他的權力強勢主導。

但在實務上，趕鴨子上架的需要在所難免，這位「同儕再加一」便要運用權勢下決策了。這絕不是件容易的事，且需慎選時機。如果太早把權力地位拿出來壓人，可能會造成毀滅性的結果。通常沒有人願意扮這種黑臉，也因此決策會議的「自由討論」階段經常被延長，進而影響了決策的時效。

太早或太晚進行到決策階段，都無法發揮自由討論階段的功效。最重要的原則是：絕對不要讓你的決策早產。一定要確定你已在討論中收集到足夠的相關資訊，而非只是泛泛之言。一旦你覺得議題已經過多方考量及廣泛討論，便進入「促成共識」階段。若達不成共識，仍必須進入決策階段。有時候大家會花太多時間尋求共識，而且很可能在這段討論中，又偏離了原本幾乎已經要做成的決策。所以，在什麼時候當機立斷做成決策，是非常重要的。

就像經理人日常做的事情一樣，制定決策這件事也有其產出——也就是決策本身。制定決策就如其他管理流程一樣，如果能事前便清楚制定決策的目標，便更有可能獲得高品質的產出。因此，在制定決策之前，經理人應對以下六項問題的答案成竹在胸：

一、決策的內容

二、決策的時限

三、決策人
四、在制定決策前應先向誰請益
五、誰對此決策一言九鼎，或是能全盤否定
六、誰應該在決策制定後被告知

帶你走一遍

讓我用最近在英特爾參與的一項決策過程來解釋以上六點問題的重要性。

這個決策是：英特爾已經決定擴建菲律賓廠，擴廠完成後，大約能增加原廠兩倍的產能。但接下來的問題是：「到底要建在哪裡？」現有的廠址附近空間有限，但如果撇開空間限制不談，這似乎是最理想的擴廠基地：因為這樣不必增加太多管理費用及增建通訊設施，也沒有新舊廠間的運輸交通問題，如果新舊廠間必須有人事調動也不會太麻煩。

另一個方案則是到離舊廠較遠的地方買新地。這個地方的地「便宜又大碗」，我們只要蓋一層或兩層的廠便能有我們需要的坪數，而不像蓋在舊廠附近可能要蓋上好幾層——這對一個半導體廠房而言並不是有效率的選擇。於是乎地點選擇一事讓我們一群人陷入膠著，在這兩種可行方案間舉棋不定。

現在看我如何用前述六項問題來破解這種膠著狀態並定出決策。決策的內容非常明顯：

要不就是在舊廠附近建高樓，要不就是另覓新地建一層或兩層的廠房。至於決策的時限，根據我們的遠程計畫，這個廠必須在兩年到兩年半之間完工；而根據前面提過的「時間互償原則」，這個決策必須在一個月之內做成。

誰又是決策人呢？到底是負責廠房營建的人或是負責製造生產的人？這個問題其實不好回答。前者對營建的成本和施工難度比較敏感，可能會偏向於另覓新地；而後者因為知道新舊廠比鄰能帶來多大的作業便利價值，故而傾向於在舊址建高樓。

因此，這個決策體便包括了遠東區營建經理和他的主管——集團營建經理，以及遠東廠廠長和他的直接主管——集團製造經理。這樣的決策體系由不同意見兩方的對等經理階層所組成。在企業經營中，我們時常看到這種雙方對同一議題各有其考量的情形發生。在這樣的會議中，讓兩方都能有相同的機會表達他們的意見是非常重要的，唯有如此，產生的決策才不致有偏頗。這些參與決策的人在與會之前，都已經向自己部門中的人請教並收集相關資料，因此對此事都有清楚深入的了解。

接下來，誰對這項決策一言九鼎？兩邊的資深主管都必須向我報告，因此我便是最終決策者。同時，這個案子其實已經大到應該把公司的總裁扯進來；尤甚於此的則是我對菲律賓的建廠地域以及廠務營運都有相當了解。所以，我便當仁不讓地成了決策終結者。

然後，誰該被告知這項決策？我選擇我們的董事長摩爾（Gordon Moore）。雖然他並沒有直接參與建廠事宜的經驗。但因為我並不是成天在忙著遠東地區建新廠一事，所以應該讓他知道有什麼東西正在發生。

這便是決策制定的過程。經過研究相關地理位置、營建計畫、營建成本、土地成本、交通問題等種種考量，這個決策體系決定新廠就蓋在舊廠附近，並且接受了坪數將不及另一個方案的事實。新廠將只是四層樓，如果再往上蓋，成本將大幅增加。他們在先前的議程中，向我報告了這項決策以及相關背景資料。我在會議中聽他們對各方案的考量，以及最後選定這個方案的理由。經過我提出一系列的問題，了解他們收集資訊的內容及可信度，以及他們的思考邏輯，我允准了這項決策。然後我通知董事長這個結果。在你閱讀此書的同時，這個廠早已竣工營運。

建立一套決策流程，其重要性遠勝於加速決策流程。一個決策的制定，需要參與決策的人投入大量時間以及精力。如果決策體好不容易產出了共識，但卻被「決策終結者」給否決，這種情況想必令人沮喪，甚至會影響工作士氣及效率。不管這樣的否決背後有多少正當的理由支持，只要是事出突然，總不免讓人有「權力還是登場掌管一切」的感覺。我們應該想盡辦法去除這種情況。而且我想不出有其他辦法能比在制定決策前先提出「六項問題」，可以更有效避免決策共識在最後關頭被推翻。

最後還要叮嚀，如果「決策終結者」的意見和決策參與人期待的落差太大（比如說我最後決定在菲律賓一個新廠都不建），他可以宣布他的決定，但千萬不可以話說完了就當沒事一樣走人。相關的人需要時間調適、合理化，然後再重新出發。延會可能是必要的。讓這些人有段時間恢復後，再召開會議，聽取他們對新決議的意見。這將有助於讓每個人習慣突發狀況。

決策過程之所以看似複雜，那是因為它一向如此。我在這裡要摘錄史隆（Alfred Sloan）的一段話，他一生花了泰半的時間鑽研決策理論：「集體決策通常不容易達成，因為集體討論的過程實在太麻煩，因此主要決策者很容易就偏向於獨斷。」我就曾經認識一個中階經理人，他畢業於很好的商學院，且擁有美國西部牛仔那種獨行俠特質。他因為受不了英特爾的決策過程而離職，跳槽到另一家公司。這家公司在面試時向他保證，他們鼓勵每個人自行做決策，並且有執行的自由度。

四個月後，他又回到英特爾。他向我解釋：「如果我可以不經詢問別人的意見便做決定，別人同樣可以起而效法。」

6 「規劃」是為了明天

在你規劃行動方案之前，一定記得先問自己：有什麼事情我如果「今天」做了，可以讓「明天」更好，或者至少讓「明天」不會更糟。

大部分的人將「規劃」認為是管理階層崇高的責任之一——我們或多或少都聽說過所謂「規劃、組織、控制是經理人的要務」之類的說法。

實際上，規劃不過只是日常活動的一部分，每個人不管是在工作上或是私人作息，都要涉及規劃，並沒什麼好張揚的。

舉例來說，你早上開車上班時，可能要決定是不是該加油了。你先看看油錶上還剩多少油，接著估量你還要跑多遠，然後大約算計一下需要多少油才能到達目的地。當你在心裡盤算時，便是在決定是否應該去加油。這便是個規劃的例子。

回頭複習一下生產的準則，可以讓我們更容易了解「規劃」的本質。在第二章我們學到：控制一個工廠產出最主要的方法，便是使用需求預測系統來預測需求量，然後再按照預測生產。工廠依據現有及預估的訂單營運。我們的工作便是在某特定時間內設法找到足夠的訂單。

如果預測的產出和預測的市場需求不相符，我們可能另開一條生產線以增加產量，或是減少工時以降低產量。於是我們可以將如何規劃一個工廠歸納成以下的步驟：第一步，決定市場對某產品的需求；第二步，如果第一步不需要做任何調整，決定工廠生產的項目；第三步，經由調整生產時程，讓預測的工廠生產與市場需求盡可能配合。

你的規劃流程大致上也應該類似這樣。第一是預測需求，這整個環境想從你或你的公司組織身上得到什麼？第二則是了解你現在的處境，你現在生產些什麼？現在的產品完工後，你要生產什麼？又或者，如果你的廠一直生產同樣的東西，未來工廠處境會如何？第三是在前兩步驟間找到折衝。也就是說根據環境的需要，決定某些產品應該要多做還是少做？

且讓我們對每一個步驟再細細推敲。

步驟一：外界環境需求

首先必須界定所謂的「外界環境」。如果你將你的部門當成一個獨立公司，你會發現你的環境是由許多類似的公司所組成，且這些公司將會直接影響到你的工作。

舉個例子：如果你是公司收發室的經理，你的環境便包含了需要你服務的顧客（公司中的其他部門），以及提供你服務的供應商（諸如郵件量秤、平台車等），還有你的競爭者。你在公司內部當然沒有競爭者，但你可以經由與和類似UPS快遞這類公司比較，了解你的部門績效，並進而設定標準。

當你在檢視環境時，有些特別值得睜大眼睛注意。你應該了解你的顧客期望，以及他們對你的績效是否滿意。你應該隨時更新像電子郵件這類有助於你工作的新科技知識。你也應該詳估你的供應商以及公司中其他部門的績效。是不是有哪個部門（譬如運輸部門）影響了你的工作效率？他們是不是能滿足你的需求？

一旦你確定了環境的組成因素，你便可以開始用「目前」及「未來」兩種時間架構來檢視環境。

讓我們以未來一年為例，你應該會有以下的問題：我的顧客想從我這裡得到什麼？我是不是讓他們覺得滿意？未來一年他們又期待我做些什麼？你必須將焦點放在環境目前的需求和未來一年的需求之間的差別。這種「差異分析」非常重要，因為如果你能滿足顧客目前的需求，便應該想些辦法因應未來一年的需求差異。而你如何因應差異，事實上也便是規劃流程的主要結果。

但你是不是應該在這個階段便考慮要採取哪些行動解決問題？答案是：「不！」因為如此一來只會讓問題失焦。

試想，如果行銷部門根據工廠的產能而調整它的需求預測，將會對這個工廠造成什麼樣的影響？換句話說，如果行銷部門預測某產品月銷量可達一百件，但他們知道工廠目前產能一個月只能做十件，因此修正銷售預測，將一百件改為十件。如此一來，製造部門將永遠不會改進以滿足真正的市場需求。

步驟二：現勢分析

規劃流程的第二步是定義你目前的狀況。你可以藉由條列出自身的能力、及目前正在進行的案子進度如何來了解你目前的狀況。記得當你在比較這些項目時，要用同樣的措辭；如果你想了解「目標需求」，也要順便搞清楚這項目標需求的時程狀況。

舉個例子，如果有一項目標需求是「產品成品設計」，那麼當還在工作流程中便應該是「產品半成品設計」。

你也得了解手上的這些案子完成的時間。而且，是不是每一個手上的案子最後都會完工？答案很可能是不。有些案子可能在半途就廢棄或擱置；你應該把不成案的原因歸納出來並列入你的產出預測變數。

根據統計，在半導體的製造上，輸入的原物料只有八〇%會成為成品。同樣地，我們雖然不可能找到一個很精確的數字，但也應該找出案子擱置或廢棄的百分比。

步驟三：如何弭平差異

規劃的最後階段，便是決定要採取哪些新的行動、或是修正原有的做法，以拉近預測和現狀間的差異。

在這裡便會遇到兩個問題：你「需要」做些什麼以拉近差異？而你又「能」做些什麼？兩個問題應該分別考慮，然後決定你的實際行動，並且評估這項行動對拉近差異會產生什麼樣的影響，又會在什麼時候產生影響。你決定的行動方案便是你的「策略」。

何為「策略」？何為「戰術」？很多人搞不清楚。雖然兩者實際上的差別並不那麼顯著，但我可以提供一套方法讓你分辨它們。

當你將計畫落實為白紙黑字，看起來最抽象籠統的總結即為你的策略，而你用來實行策略的行動即為戰術。一個組織中，某管理層的策略，通常即是高他一層的經理人的戰術考量。讓我們回頭再看看收發室的例子。假設負責整個企業體通信的經理決定在各廠間提供電子郵件服務——這是他的策略，由此，他可以增進各廠間溝通的效率。而這位收發室的經理就必須考量在設立電子郵件網路後，他要做哪些事情來因應。他的策略也許是在收發室中裝設印表機，然後聘專人將印出來的東西送到各部門。這位收發室經理的策略便是高他一層的集團通信經理的戰術。

是怎麼決定的？

布魯斯是英特爾的行銷經理之一。當他界定目前的環境及部門現狀時，發現他的部門中只有三個人有處理專案的能力，但案子已堆積如山，且每個案子都必須完成，才能達成目標。

如果有任何一個案子不能順利完成，都將導致未來的成本及勞力遽增。布魯斯因此面臨兩難——如何在增聘人手和維持預算間取得平衡。他明白要魚與熊掌兼得斷無可能，但總得拉近未來和現狀之間的差距。

於是他決定盡量將不是太重要的案子轉交其他部門。這些部門在處理這些案子上也許效率較差，但他們正巧有時間協助。布魯斯和他的上司也決定增聘一位暑期工讀生，幫助他們處理一些不是太複雜的工作。他自己則更緊密地監視部門績效，另外也想些較遠程的解決辦法：諸如與其他行銷部門分工，或是避免部門間重覆做的虛工等，以增進效率。最後，布魯斯仍然提出增聘人手的草案。因為經過他以上種種做法，仍無法拉近未來和現狀間的鴻溝，這也是他向公司要求增聘人手最有力的註腳。

我們再看另外一個例子。之前曾經提過，我們的中階經理人辛蒂是一位製程工程師，她負責微晶片製造流程的維修並增進其產能效率。她將她的環境界定為「物件」及「影響力」

的總和。所謂的「物件」，指的是還未經測試的製程以及製造輔助器具；而「影響力」則指能直接或間接影響她工作的那些人。製程研發工程師可能希望她不要太刁，不要老是要這個表格或是要那個測試結果，因為這些會讓他們遲遲不能將新發展的製程派上用場；相反地，生產工程師可能希望她嚴格把關。還有另外兩群人也對辛蒂虎視眈眈：產品工程師著急地等著晶片出爐，而辛蒂的上司也不斷施壓，要她確保新的製程或設備確實對增進產能帶來助益。

辛蒂的角色其實就像個顧問，她告訴這些影響她的人什麼可以做、什麼則做不得。她的顧客是使用這些流程的廠務人員，而她的「上游廠商」則包括了來自生產、製程研發及產品等不同領域的工程師。

分析現狀後，辛蒂發現製程研發部門提供給她的資料以及測試結果總是不完全。再深入探討，她發現製程研發工程師並未將提供完整資料以及按時交件列為優先任務。在決定她未來目標的同時，辛蒂明白，基於過去新製程曾出過的錯誤經驗，產品工程師的要求愈來愈嚴格，也因此她必須確定所有的新製程及生產輔助器具都得經過測試及修正，而且更重要的是得根據生產工程師的需要，提供他們新機器的數據資料。

然後辛蒂開始構思策略以達成目標。她將各步驟按順序明確列出：哪些事情一定得先做，其他事才能順利進行。然後她再運用我們在「早餐店的生產線」中提到的時間互償法來決定關鍵步驟。

其次，她先徵得製程研發經理同意她開出的時程要求。她和這位經理協調後決定了雙方必須負責的事項及完成時間，如此才能達成彼此都同意的目標。最後，為確保凡事無誤，她決定每週檢視一次她的「供應商」狀況──她以設定的時程表為準評估績效，以激勵他們符合進度（指標），並藉此發現潛在的問題（在黑箱上開窗）。

規劃流程的產出

在布魯斯及辛蒂的例子中，關鍵皆在於經由他們的規劃，他們知道「現在」應該採取哪些行動以影響「未來」。

我看過太多人，他們了解現狀與理想之間的差距，並且努力想要拉近此鴻溝，但他們不明白今日他們面臨什麼問題，這經常是源自於過去規劃的失當。這種情況就好比車子已經沒油了還急著趕路。很明顯地我們早該加油。為了避免這種不幸，在你規劃行動方案之前，一定記得先問自己：有什麼事情我如果「今天」做了，可以讓「明天」更好，或者至少讓「明天」不會更糟。

因此可見，計畫的產出即是一套行動方案。英特爾年度計畫的產出，即是整個組織經過思考後才決定採行的行動或改變。

我自己幾乎很少去看公司最後編成的「年度計畫」。因為規劃流程的產出，事實上便是在這些思考流程中制定出的各項決策及行動方案。

負責規劃的人眼光應該放多遠？在英特爾，我們所謂的年度遠程策略規劃通常涵蓋未來五年。但事實上真正被影響到的只是接下來的一年。

因為到了明年的年度遠程策略規劃時，我們又有機會對未來五年重做規劃。你真正能實行的只是計畫中的一部分。以時間上來說，便是你定在這次會議到下次會議之間所必須採取的行動，其他部分都還可以再改。但也不要因此而提高了規劃的頻率。我們應該留點時間判斷決策效力以及它正確與否。換句話說，我們希望能在這段時間內獲得回饋，以做為下次規劃時的依據。

有哪些人應該參與規劃流程？答案是組織中負責營運的經理人。因為如果規劃的人不是執行的人，結果通常很淒慘。規劃是管理工作中不可分的一環，因為它對未來可能造成影響，規劃通常也具有極高的管理槓桿率。但這個高槓桿率唯有在「規劃」與「執行」相得益彰的情況下才會產生。

最後要提醒：當你在對一個方案說「是」的時候，同時你便在對其他事情說「不」。意思是說，當你承諾一件事情的時候，你便喪失了做另外一件事情的機會。我們的資源有限，這種取捨難免會有。因此，我們必須培養出何時說「是」和說「不」的判斷力和膽識。

目標管理

「目標管理」有一個主要的假設——通常這種「目標」會偏向於短程，所以我們應該很清楚環境對我們需索些什麼。因此，目標管理往往傾全力於規劃流程的第二和第三步驟，並且盡可能地明確。蘊藏在目標管理背後的道理其實非常簡單：如果你不知道何去何從，你將永遠到達不了目的地。或者還有另外一句印第安俗諺：「如果你不知何去何從，隨便哪一條路都能帶你到你的目的地。」

要做好目標管理，你必須先回答以下二點問題：

一、我想要到哪裡？（這個答案便是你的目標。）

二、我要如何知道正朝著目標邁進？（這個答案告訴我們沿途該驗收的戰果。）

我舉以下的例子來讓「目標」和「驗收成果」圖像化。假設我必須趕在一小時之內到機場搭上飛機——這是我的目標。事先我已知道，到機場的沿途我必須經過甲城、乙城和丙城。分別在十分鐘、二十分鐘及三十分鐘時，到達甲、乙、丙三城便成為我該驗收的成果。如果我開了二十分鐘還沒到達甲城，我便知道我迷路了。除非我下了交流道找個人問路，我大概趕不上這班飛機。

目標管理通常是用來對正在進行的案子提供回饋：告訴我們現在做得如何，是不是有什麼地方需要修正或是改進——就好比下了交流道問路一樣。回饋要在行動評估後即時產生才能達到最大效力。

因此，在目標管理系統中，目標的訂定傾向短程。舉例而言，如果公司採行年度計畫，那麼目標管理的時間架構便至少是以季為單位，甚至短到以月為基準。

「協助你聚精會神在需要注意的事項」上，是目標管理種種優點中最重要的一項。但這點好處唯有在目標數不是太多的情況下才會生效，在實務上很難達成，原因是我們經常難以說「不」，因而導致我們有太多目標。我們必須了解，如果我們把焦點放在每一件事情上，事實上等於沒有焦點。要讓目標管理產生最大效能，必須要懂得慎訂目標。

哥倫布的目標管理

為了讓我們能更了解目標管理系統，我要引述兩個歷史上的案例。

第一件是哥倫布發現新大陸——我的版本和你小學時所唸到的可能不太一樣。一四九一年西班牙王室在年度計畫中下了結論：如果他們沒辦法多搞點錢買武器和火藥，他們將沒有能力打一場他們覺得非打不可的仗——將摩爾人（Moors）驅逐出西班牙。這是當時西班牙伊莎貝拉女王的使命，但她需要財源才好辦這事。她認為大幅促進對外貿易將有助於充盈國庫，所以她找了哥倫布來談她的目標。哥倫布答應女王會回家好好想一想。過了幾天，他回來稟奏女王幾項建議，其中包括尋找一條到神秘東方的新航線。經過充分且廣泛地討論後，女王和哥倫布決定要搏就搏大的——就此決定尋找到東方的新航線。

決策制定後，哥倫布開始忙著計畫要如何才能達成這項企圖，以及所需要的東西。在目標管理的系統中，女王已界定了她的目標——為西班牙王室開闢財源；而女王和哥倫布也在他的目標上（找尋到東方的新航線）達成共識。哥倫布由此便開始設定他在達成目標沿途必須驗收的成果：諸如建立船隊、訓練水手以及試航等等，並且明確訂定每項成果驗收的時間，以確定進度。

女王的目標和哥倫布的目標之間的關係很明顯。女王想充實王室財庫，而哥倫布想找到到東方的新航路。我們可以看出這之間的層級關係：**當下屬達成他的目標時，上司的目標也同時達成。**

雖然哥倫布一項一項地驗收成果無誤，但最後還是可能無法達成目標。建立航隊、訓練水手等對哥倫布而言並非難事，但眾所周知，他最後並沒有找到到達中國的航路。他並沒有達成他的目標。所以，以嚴格的目標管理標準來評判，哥倫布的表現到底是好是壞？他畢竟發現了新大陸，且為西班牙王室帶進了不可數計的財源。**因此，即使一個下屬沒能達成所設**

定的目標，**他的績效仍有可能被評為卓越**。目標管理的用意是讓人能按進度行事——好比拿著碼錶在手，自己估量自己的表現。這並不像人事部門的工作說明書，可以用來決定獎懲，我們應將目標管理視為衡量績效的方法之一而已。如果上司只用目標管理來決定下屬的升遷賞罰，以致下屬一心只放在訂好的目標上，錯失了其他可能，不免會見樹不見林，而且也不是很專業的做法。

我們再以英特爾在菲律賓擴建工廠一事來說明目標管理。遠東營建經理設定了以下目標：「取得菲律賓廠擴建案的決議」，而他必須驗收的成果包括：在六月底前取得現址以及其他可能建廠地點的土地評估；分析各建地的土地成本、營建成本以及未來的營運成本，並評估其利弊；最後將以上結果在會議中提出，獲取決議；並在十月底前得到總裁我——葛洛夫的首肯。

結果他驗收了所有成果，並且達成預定目標。在此我們注意到，這個目標十分近程，而所有必須驗收的成果也十分明確，我們光看，不用問就知道他是否按時做到。驗收成果必須列明時間才會有最大效益，時間一到，就馬上知道到底做好了沒有。

這位遠東區營建經理的上司——我，案頭上也寫著：「目標：確保所有擴廠計畫如期完成」。我也列出了幾項必須驗收的成果——看來也滿像是他屬下的目標：「在十月底前達成菲律賓廠擴建案的決議」。

我希望現在你已能看出西班牙伊莎貝拉王室和英特爾運作上相仿之處。**一個經理人的目標會建構在一連串的「成果驗收」之上**。他的目標和他上司的目標緊密結合：他必須達成他自己的目標，他上司的目標才得以達成。但目標管理系統絕不是交給電腦程式跑一跑就能了事。目標和驗收成果，都必須靠經理人的智識以及判斷力建立起來；也唯有經理人貢獻他的智識和判斷力，目標管理系統才能有效運作。

第三節課

推動組織的巧手

7 當早餐店開始繁衍

事情已經愈變愈複雜。身為這個企業的老闆，坐在集團辦公室的氣派大桌前，有時候我會希望時光能夠倒轉，再回到草創之初我自己煮蛋、烤吐司、倒咖啡的日子。

我們之前提到的早餐店現在生意愈做愈好，好到我們必須再花一筆可觀的費用添購一套三分鐘水煮蛋機器設備。這套機器煮出來的水煮蛋品質空前的好；更因為店裡生意愈做愈大，這套機器設備的產能完全滿載；因此，我們降低了產品成本，並將其回饋給顧客，降低了早餐的價格。一傳十、十傳百，這家物美價廉的早餐店很快地建立起聲譽。

就像所有精明的創業家一樣，我們看準了這門生意可以做，於是我們又在城的另外一邊也開了一家分店。這家分店一開張生意便扶搖直上。很快地，一家全國性的美食雜誌《街坊美食》（*Neighborhood Gourmet*）便刊出了一篇報導介紹我們。我們決定把握良機進攻全國市場，以迅雷不及掩耳的速度，找到了適合建立早餐店的地區，並搶占灘頭堡、建立店面。

在短短時間內，我們成為一家全國性的連鎖餐廳。

但沒過多久我們便發現，搞連鎖事業和獨營一家早餐店相較，其中牽涉的日常庶務及管理技巧有很大的不同。其中最重要的是如何想出一套辦法，既能保住最初小店經營的種種好處，又能享有全國性連鎖的規模經濟優勢。各店的經理應該最了解當地市場，可以經由他們適當地調整（例如菜單或廣告策略）而因應市場需求。在同時，因為分店已上百家，我們在採購上的力量完全不容忽視。有些事情如果讓總公司集中處理，會比讓各分店分頭去做便宜許多。

更重要的是，到目前為止，「品質」是我們能賴以成功的一個關鍵因素，我們必須盡其所能維持我們在餐飲服務業中高品質的形象。換句話說，我們絕不容許哪一家分店偷雞摸狗，影響品質而拆了我們的招牌。

集權或分權？

在實務上，這種有關管理上集權及分權的紛爭歧見到處可見，幾乎已成為今日管理上最重要的課題之一。舉例而言，我們要打地區性或全國性的廣告？是不是要讓分店經理全權處理當地的廣告？這位分店經理對當地媒體的了解大概遠勝於總公司負責廣告行銷的人。我們是不是要讓他負責人事招募與解雇？應不應該讓他決定薪資水準？或者應該由總公司制定全國性的標準？後者在美國明顯地不可行，因為各地的勞力市場事實上有很大的差距。但有關採購複雜的機器設備之類的事宜，無疑地將交由總公司處理。畢竟我們花了好大功夫才找到適當的供應商，並且建立起一套最能滿足我們需求的測試系統。我們已經有一群人在芝加哥總部負責這些事，當然不希望各分店甚至各區域再重複浪費精力。

但我想買蛋這種事應該不用經由中央採購。蛋必須要新鮮，而且長途運送很容易就把蛋弄破。可不管是各分店或是總公司，也都不希望各分店還要再建立一套蛋的進貨檢驗系統。此時我們便要想一些折衷方案，諸如在各區域設立採購中心，如此一來便可以縮短運送的距離，又可經由在採購中心建立的進貨檢驗系統監控品質。換句話說，我們藉由這種方法確保全國各分店的品質一致。

至於菜單該由中央或各分店決定？大體上我們希望各分店的菜單內容大致相同。顧客行遍全國，在各地的分店都可以找到他們想要的基本選擇。但我們也得顧及各地在口味偏好上的不同，所以我們也留給各分店適度的權限修改菜單。

而在店面上，我們應該讓各分店租賃或購買現成的，或是應該由總公司統一建築及設計室內的風格？較合理的辦法也許是由總部定標準，然後讓各分店去找店面，只要這些店面能夠符合標準即可。

而餐具要不要全國都一致？要不要經由中央採購？因為顧客對一頓早餐的印象和所使用

的餐具有極大關聯，各分店最好使用相同的餐具。但如果遠在蒙大拿的分店打破幾個餐盤便要從芝加哥補貨未免太荒謬。為解決這個問題，我們也許決定設立幾個地區性的倉儲中心，好讓貨品的送補及時。

各新店的店址要由總公司的大老闆決定，或是交給各地區的經理？較好的做法也許是中央徵詢地方的意見後再下決定。畢竟各地區經理對當地商圈人潮的了解，遠勝於這群坐在芝加哥總公司辦公室裡的人。

複雜日增

事情已經愈變愈複雜。身為這個企業的老闆，坐在集團辦公室的氣派大桌前，有時候我會希望時光能夠倒轉，再回到草創之初我自己煮蛋、烤吐司、倒咖啡的日子。

如果這個願望太奢侈，至少回到只有一家早餐店的局面。我可以叫出每個員工的名字，做決定時不用像現在考慮這麼多。那個時候幾乎沒什麼人事費用，而現在我們必須請人來負責整個集團的人事。還有新設的物流經理向我申購電腦設備，以利研究出各地區物流中心及分店間的最佳物流策略。這位經理告訴我，藉此他可以降低運輸成本，確保貨品當日送達。他還向我保證，有了這套電腦之後，他可以大幅降低餐具的存貨水準。我相信照這樣下去，再不多久我們得請個經理專門負責不動產——事情真是愈來愈麻煩。

之前我們已經認清了一個事實：管理競賽就是團隊競賽——一個經理人的產出，是組織中向他報告或受他影響的所有人產出的總和。

但現在我們驀然發現，這不僅是團隊競賽，而且這個大團隊還是由許多不同的小團體組成。靠這些小團體的共生共存及互相支持協助，才有可能在這場管理的競賽中勝出。

8 混血型組織

大部分中階經理人所負責的，都只是大組織中的一個部門。他們能監控的「黑箱」與其他不同的黑箱緊密相連，就好比每一家分店都和其他分店以及總公司密不可分。

所有的組織隨其成長，終將成為「混血型組織」。企業體隨其成長，或遲或早都將面臨我們早餐店遇到的問題。現在，就讓我們仔細地來瞧瞧這一類由小單位組成的組織。

大部分中階經理人所負責的，都只是大組織中的一個部門。他們能監控的「黑箱」與其他不同的黑箱緊密相連，就好比每一家早餐店都和其他分店以及總公司密不可分。

兩個極端

我們可以把組織的型態分成兩個極端：完全的「任務導向」或完全的「功能導向」。但事實上大部分組織是在這兩種極端之間。如一五九頁圖15所示，早餐店這個企業體可以被設計成圖中這兩種極端的其中任何一種。

在任務導向的組織型態中（如圖15A），中央完全地下放權力，每一個事業單位負責完成任務，而這些單位之間的關聯性極低。在這種型態下，每一家分店全權掌控分店的營運，包括決定店址、店面營建、採購、販售及人事管理等等，而僅在每月月底向總公司提出財務報告。

另外一個極端是完全的功能性組織（如圖15B）。這種組織非常地集權。如果早餐店企業組織是按此設計，總公司的採購部門將負責所有分店的採購事宜；而人事部門將負責所有部門及分公司的招募、解雇以及績效評估等。其他總公司的部門也都將負責各分店的不同功能領域。

如果我們將重心擺在讓各分店經理因應各地不同的狀況，我們的組織型態將偏向於任務導向；但如果我們想要充分享有因組織擴大所帶來的規模經濟，以及在營運上所累積出的專業與經驗，我們又會傾向於功能性組織。

實務上，我們希望在兩個極端之中取得平衡。但如何取得折衷方案也經常讓經理人們傷透腦筋。史隆總結他在通用汽車數十年的經驗時說：「好的經營管理，是中央集權及地方分權間的折衷產品。」或許我們可以換句話說，好的經營管理，是在因應市場與發揮組織最大力量間求取最佳組合。

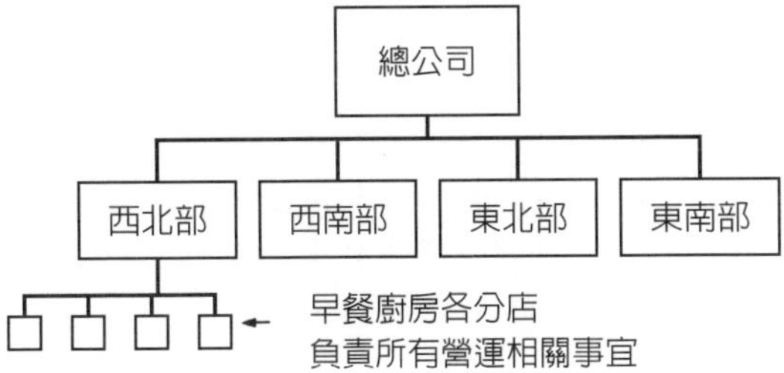

A.

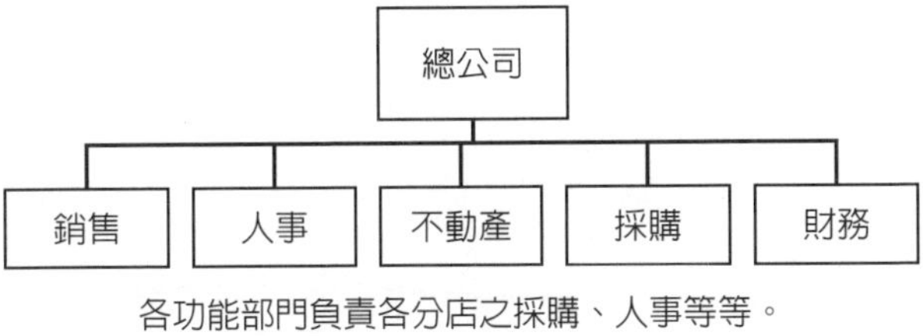

B.

圖 15　早餐店邁向連鎖體系後的兩種架構型式：A 為完全的任務導向，B 為完全的功能導向。

取中道而行

現在，讓我們一起檢視英特爾的組織圖（如圖16）。這是一個「混血型」的組織。這種組織架構是源於我們整個集團，本就是任務導向的各事業體以及功能部門的結合。

我想大部分的軍隊也都是這個樣子。各事業體好比是個別的作戰單位。而這些作戰單位所需的軍毯、糧草、空中偵察及情報等等，則是來自於各功能組織。由於這些戰鬥單位不需要費神在這些支援事務上，便可以全心全力去完成任務攻佔山頭。也因此，各單位有行動

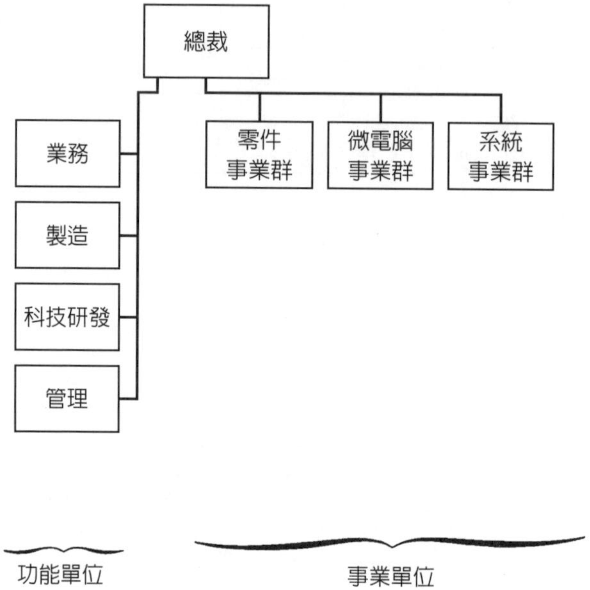

圖 16　英特爾是混血型組織：在應變能力及管理槓桿之間取得平衡。

上的獨立以及自由。

我們因此可將功能性部門視作內部的包商。以業務部門為例，雖然很多公司也用非正式的外部銷售人員，但一個內部的業務部門應該能以較低成本提供更好的服務。同樣地，我們可以將製造部門、財務部門或是資料管理部門等，都視為功能性部門。他們都是公司內部的包商，提供其他事業單位需要的服務。

功能部門的重要性，可由英特爾職員有三分之二是在功能部門服務看出。有那麼多人在功能部門中，到底帶給一個企業體什麼樣的好處？

第一點是規模經濟。以資訊處理

為例，大型、精密的電腦設備非常地昂貴，如果每一個事業單位都能向總公司的主機電腦索引或提存資料，這台大型主機不但能物盡其用，也因此讓全公司的作業更方便。

第二點好處則是，我們可以因應整個企業體中的需求順序，來轉移或是分配企業資源。以製造部門為例，因為製造部門是功能性部門，所以我們可以因應市場及各事業體的需求，彈性地改變製造品項。但如果每一個事業體都有各自的製造部門，在產能上的轉移將會變得困難許多。

另外一點好處是技術支援人員的專才——好比科技發展等成果，在這個企業體中的各部門都得以分享。這樣的組織架構，英特爾的各事業體得以在業務拓展上全力以赴，而不必在電腦製造或科技發展等事上傷腦筋。

當然，這麼多人在功能性部門中也有其缺點。最糟的是當各事業部門對功能部門提出需求時，功能部門有時會吃不消。甚至只是提出需求這件看似簡單的事，在這樣的組織架構中都可能很困難——因為一個事業體可能必須經過好幾個關卡，才能將訊息傳給主要決策者。最明顯的是當各事業部門溝通分配總公司有限資源的時候，不管是分配產能、電腦使用時間或是辦公室的坪數，表面上是「溝通」，但事實上經常是火爆的部門較勁。不管是溝通或是較勁，在此都只是浪費時間和精力，對公司的產出絲毫沒有一點好處。

至於任務導向的組織又有哪些優點呢？只有一百零一項——事業體可以清楚明白它本身的需求是什麼，並會針對需求迅速進行調整。雖然任務導向組織就僅只一點好處，但因為不管是哪種產業都是以因應並滿足市場需求為致勝基礎——這點好處就變得十分重要。很多組織就是因此選擇任務導向型態，以維持企業彈性。

經理人不斷地在這兩種極端的組織架構間尋找最佳組合，英特爾自然也不例外。不管是資深的高階經理或是為數逾百的中階經理人，他們都努力地想讓部門及公司更好。但不管我們花了多少時間檢視可能的組織架構，最後還是得出以下結論：混血型組織架構無可取代。

這便是英特爾今日的組織型態。

ABC電腦的組織重整

以下我用最近讀到的一篇報導，來證實混血型組織對企業體而言實難避免。諸如此類的報導經常見到，但在此我改了事件相關的名字以減少困擾。

（加州聖塔克拉拉訊）成立三年的ABC電腦公司日前重整其組織架構。重整之後，公司將分為三個產品事業群。公司創辦人及原工程部門協理杜約翰，將擔任系統事業部總經理；半導體事業部總經理將由原行銷及業務協理史威廉轉任；而原產品設計經理吳樂伯，將擔任個人電腦事業部總經理。三個事業群均須向ABC電腦公司總經理兼總裁山繆・席蒙報告。各事業群自行負責產品規劃及行銷的責任，而銷售及製造則交由總公司新任業務副總經理艾亞伯及製造副總經理魏威廉掌管。

你也許已經察覺在這篇報導中職位轉變的軌跡，和我們之前的分析不謀而合。當公司日漸成長，旗下的產品線愈來愈多，要管理的庶務也呈倍數成長。因此，將產品事業群分開，給它們更重要的位置自有其必要。但就如同這篇報導中暗示的，銷售及製造部門等仍將由總公司直接控管，因此而能同時對這三個任務導向的產品群提供功能性支援。

不僅早餐連鎖店、軍隊、英特爾或是ABC電腦公司屬於混血型組識。不可避免，所有組織隨其成長，都終將成為混血型組織。所有我所知道的營利或非營利事業也都是混血型組織。再以大學為例，我們可以將英文系、數學系、資訊系等視為任務導向部門，而人事處、警衛室或圖書館等管理部門，則提供功能性的服務。

我們再看一個不太相同的混血型組織架構的案例：美國非官方的「青少年創業輔導中心」下，每一個分會各總其成敗，自行決定他們要提供青年創業家銷售什麼產品，行銷策略及所有相關事項。但總會則決定每個分支單位的架構、分會需要提供給總會的文件資料，以及中心的總體利潤如何依營運績效分配。

不只是大型企業才會採用混血型組織。我有一個律師朋友，他服務於中小型的事務所。他告訴我，有一回他們的事務所正在想辦法解決諸如辦公室空間及速記人員等有限資源分配的問題。最後他們決定設立一個委員會。這個委員會將在不影響每一個律師處理案子（任務導向）的情況下，負責搞定資源取得以及分配等事宜。這是小型組織但具混血型架構的例子。

這樣看來，好像所有組織無可避免地都將成為混血型架構，到底有沒有例外？我所能想到唯一的例外是「企業集團」，對集團來說，各個子公司都是任務導向。為什麼這是個例外？因為這些子公司之間並沒有同樣的經營目標，每個子公司除了整個集團的利潤或虧損之外，並沒有直接關係。但如果我們將焦點放在每個子公司，我們又將發現它們其實都還是混血型組織。

當然，每個混血型組織還是各有不同，因為在極端的功能導向和任務導向之間，充滿了太多可能性。事實上，一個企業體或組織，可能因為現實上的考量，而不斷地在這兩個極端間游走。

舉例而言，一個公司想要提升它的資訊系統品質，可能決定採用中央大型電腦以獲取規模經濟；但相反地，這家公司也可能在不犧牲規模經濟的狀況下，在各任務導向的事業體安裝小型的電腦。一個企業因應此問題的方法不勝枚舉。

但重要的是，在決定兩個極端間的定點之前，必須要先考慮企業的營運風格，以及這些事業體主管的做事態度。

之前已經提過，所有大型企業遲早都將面臨混血型組織帶來的問題。這樣的組織能夠有效運作得解決一個最關鍵的問題，那就是如何能在最短的時間內尋找出資源分配的最佳方案，並且有效地解決其中可能產生的衝突。

這個問題頗為複雜。總公司強制性地獨裁分配通常解決不了事情。好些年前我曾在匈牙利目睹過最糟的情況。那時候的匈牙利政府有個專門負責規劃及決定該生產哪些產品、何時生產以及在何地生產的單位。他們有一套牢不可破的理由支持這種做法，但實際上卻經常和市場消費者的需求相悖甚遠。

我在匈牙利時是個業餘攝影師。冬天的時候我買不到一卷對比度高的底片；但夏天一到，高對比的底片滿坑滿谷，反倒是一般的底片奇貨可居。年復一年，這個中央規劃單位的行動愈來愈笨拙，已經完全無法預測並滿足市場需求。

在企業管理上，如何分配資源並協調各事業體間的需求，本就是管理的主要工作之一。但在實務上，這種資源分配的工作量往往不是一個功能單位負荷得了的——如果英特爾也將這些事全丟給總公司，不用多久我們就會步上當時匈牙利政府的後塵。

如何善用中階經理人是解決這個問題的答案。在一個公司裡，中階經理人為數較多，而且對如何獲取及運用內部資源的問題最了解。要達成這項具高槓桿率的任務，中階經理人要先做到兩件事情：第一，他們必須要接受混血型組織這個不可避免的事實；第二，他們必須發展出一套管理類似組織的方法——雙重報告，這也在我們下一章將談論的主題中。

9 雙重報告

雙重報告以及同儕團體是否能發揮最大效能，健全的企業文化是絕對關鍵。

為了實現人類登陸月球的壯舉，美國太空總署找來大大小小的包商共襄盛舉，每個包商負責不同的任務。

「矩陣式管理」便是這個壯舉下的非預期副產品。這是組織管理發展上重要的一項進程。經由這種管理方式得以協調並管理各包商負責的工作，不會因為其中一個包商出了問題，而耽誤了整個進度，資源也可以更自由地調度。如果有一個包商延誤了完工時間，可以靠另外一個按時或提早交件的單位彌補時間上的損失。

矩陣式管理極端複雜。在市面上有太多關於矩陣式管理的書，學校甚至開整個學期的課來討論。這種管理的主要概念是：外部廠商的專業經理人對專案的影響，可能與公司裡的經理人一樣重要。在美國太空總署的例子中，包商的經理階層和總署的專案經理「講話一樣大聲」。

太空總署將「雙重報告」擴展到極大的規模。但實務上，你可以發現這樣的管理方式其實已默默運作多年。矩陣式管理讓混血型組織架構得以有效運作，不管是在你家附近的學校或是美國的通用汽車，更別提在早餐店的連鎖事業體。現在就讓我們來看看當初英特爾為何採行雙重報告系統。

工廠警衛該向誰報告？

英特爾草創之初，我們便意外地建立起雙重報告的雛型。在一次幕僚會議中，我們的議題之一是「新廠的警衛人員應該向誰報告？」

有人主張這些警衛人員應該向廠長報告。但廠長的背景或經驗通常是在工程或製造方面，對維安方面的事幾乎一無所知，而且也比較不關心。另外一派主張應該向警衛處主任報告。因為這些人當初是他面試進來的，而且他是這方面的專家，所有警衛守則或注意事項等都是由他制定，何況新廠大部分的警衛守則應該和總廠的大同小異。

第二派主張看似言之成理，但只有一個問題：警衛處主任的工作地點在總廠而非新廠，他怎麼知道新廠警衛到底有沒有按時巡邏或是胡搞一通？經過一番爭辯和思考之後，我們想出了一個法子——也許可以讓新廠警衛既向總廠警衛處主任報告又向分廠廠長報告。前者可以指示工作內容，而後者則可逐日做績效考查。

這個安排看似解決了所有的問題，但與會人員並不完全滿意。一個人有兩個老闆，那他到底歸誰在掌管？而一個人能不能有兩個直屬上司？我們決定不管如何放手一試。英特爾第一個雙重報告系統，就在多方質疑之中誕生。

雙重報告其實非常重要。我們只要看一下一個經理人之所以能成為經理人的過程就能了解。通常經理人職涯的第一步只是「個人工作體」——不管人，只管事。他也許是個業務人員，如果他在業績上衝得有聲有色，接著可能會被擢升為業務經理，負責掌管銷售業務。

如果他的部門又因為他卓越的領導而成為業務部龍頭，他可能又會被往上升一級，負責整個美國中西部的業務。如果是在英特爾，這時他負責的便不只是業務，他還得管一群應用工程師。這些人在科技方面可能懂得比這位區域業務經理多太多了，但還是歸他管。他一路往上爬，直到有一天成了某一個事業群的總經理。儘管他懂得很多，但在製造上他可能僅略懂皮毛。在一般的管理上他已是公認的長才，但一遇到製造科技問題他還是只能虛心求教，將問題交給相關部屬自行處理。同樣地，我們也會看到製造人員必須要向財務或工程背景的人報告的情況。

我們可以指定一位資深的製造經理或廠長負責帶領這群製造人員，讓這群原應向總經理報告的製造經理轉向資深製造經理報告。這樣的情況愈來愈多，英特爾幾乎成為完全的功能性組織。事業群的總經理逐漸喪失其總理財務、行銷、工程、製造部門以因應市場需求的能力。但是我們不能因為只顧及製造上的管理，就犧牲了回應市場需求的敏捷性，解決的方法便是雙重報告。

含糊卻是解決之道

但你也並不一定要指定專人管理一群科技人員。以下是一個很好的例子。

製造經理甲在公司餐廳裡喝咖啡，製造經理乙隨後走進坐在甲旁邊，乙的上司是個以財務管理背景為主的總經理。他們很快地聊起來，談一些最近發生的技術問題，並發現這些問題其實有很多相似之處。「三個臭皮匠，勝過一個諸葛亮」，他們決定將這樣的聚會轉為例行性，並邀請其他部門的製造經理加入。

一個委員會或類似的組織就此形成。藉此，這群科技專才可以解決他們的上司無法協助解決的問題。技術方面的管理並不一定要設一位「科技總經理」，運用「同儕團體」也可以有同樣的效果。這群製造經理們在雙重報告的架構中（如圖17），便需要向其「個別的事業群總經理」及以同儕為主組成的「科技製造委員會」報告。

要使這樣的架構順利運作，同儕團體中的個體必須犧牲自己在決策上的自由度。在大部分的情況下，他們都必須照科技委員會的決策走。這便好比你和你先生（或太太）決定和另

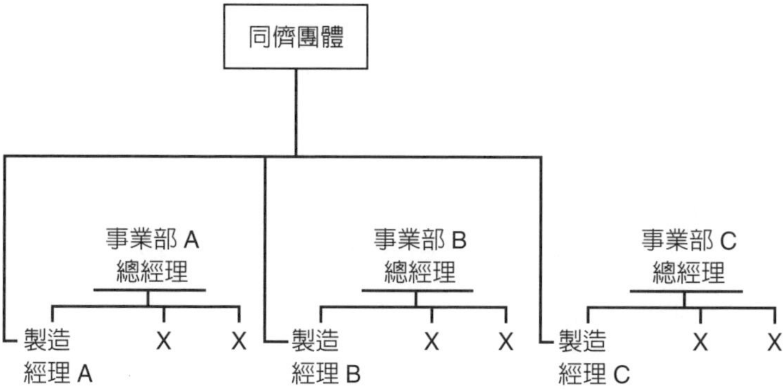

圖 17　製造經理要向兩個上司——總經理和同儕團體報告。

外一對夫妻同去度假。你明明知道如此一來會受到不少限制，出遊時較不能隨心所欲；但因為你們覺得這樣比較有趣（或者基於現實考量——四個人剛好可共乘一部車），你便決定犧牲一點自由也無妨。

在工作上也是如此，要讓每個個體願意犧牲決策上的權限，關鍵在於這個同儕團體是否足以讓人信服。這種信賴感能不能產生，近年來已不斷地被廣泛討論。一個公司無法藉著組織條文讓「信賴」無中生有，只能靠它的企業文化來建立。簡言之，這是一種對企業的認同，大家具有相同的價值觀，且對事情的執行方式及優先順序等有相當的共識與相熟。雙重報告以及同儕團體要發揮出最大效能，健全的企業文化是絕對關鍵。

在這種架構中，經理人的角色變得模糊不清，而且大部分的人並不喜歡這種「如陷五里霧中」的感覺。然而，這是混血型組織能否運作成功之鑰。

有些人想盡辦法要讓組織架構更簡單，但到頭來只是白忙一場。如果組織走向極端的功能性（只存在理論中，事實上並不存在），工程設計或製造等類似部門可能與市場隔離，對消費者需求一無所知；而太高度任務導向的組織，雖然有明確的從屬關係以及任務目標，但可能因公司資源無法有效整合及分享，導致整體績效無法提升。

英特爾之所以成為混血型組織，絕非因為我們「喜歡」這種含糊的感覺。我們試過其他看似明確的組織架構，但就是行不通。混血型組織與伴隨而生的雙重報告系統，事實上並不是什麼了不起的制度，只不過對企業而言，恰巧是最合適的架構，如此而已。

習慣有兩個上司

為使混血型組織有效運作，你必須找出方法讓功能性的單位滿足任務導向部門的資源需求。

以英特爾的主計人員為例，他們工作的方法以及標準，都是由財務部門決定。且他們也必須分別向功能性以及任務導向的上司報告，這兩種上司的需求可能互異；事業群總經理因為任務導向動機，可能要求主計人員趕快處理某一項生意上的問題；而財務經理可能較關心主計人員處理帳目時是否依照會計準則、編製帳務的效率等等。一位主計人員如果做得好，財務經理也許會開始考慮他的升遷問題，或者將他調到更大的部門處理更複雜的問題。如圖

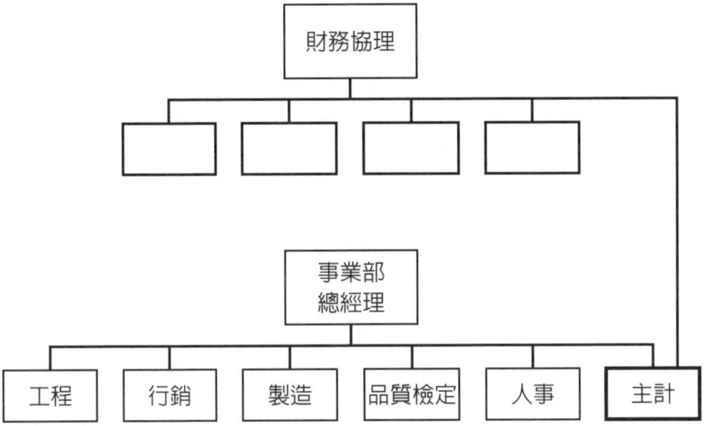

圖 18　一個事業部的財務人員也同時受兩個組織掌管。

18，我們再一次驗證雙重報告在混血型組織中的重要性。

在一個企業體中，諸如此類的例子俯拾即是。現在再讓我們看看一個公司的廣告預算政策。到底應該讓每個事業部負責自己的廣告，或者由總公司的廣告部門來策劃呢？這兩者各有利弊。各部門當然了解他們自己的行銷策略，由此衍生，也沒有人比他們更了解自己的目標市場，以及他們想傳達給目標群眾的訊息——這似乎已暗示我們應該讓各部門自行處理廣告。

但換另一個角度來看，各事業群的產品湊在一起，事實上更能解決消費者的問題。一個經過整合的廣告腳本，可能比讓各種產品在媒體上單打獨鬥，更能觸動消費者的購買慾，進而創造更多利潤；此外，廣告牽涉的也不只是產品本身，還包括了公司形象。為了維持形象的一致性，我們非不得已，實不應該讓各事業部自己去找廣告公司，各起各的爐灶。

就像解決其他混血型組織內的衝突一樣，雙重報告是最佳的解決方案。我們還是由各事業部的行銷經理負責收集產品該傳達的廣告訊息，然後一個由總公司採購經理主持，各事業部行銷經理都參加的小組，會總籌所有的廣告相關事宜。

舉個例子，這個小組可能負責找廣告代理商，制定企業形象標準手冊，以做為各部門在處理廣告圖像時遵循的依據。這個小組甚至可以制定各行銷經理與廣告代理商交涉時的權限，並藉公司的總廣告量優勢和媒體談判折扣，降低廣告的成本。但無論如何，主要的產品訊息還是應該由各行銷經理決定。

這樣的「廣告計畫雙重報告流程」對行銷經理們的耐性無疑是一大考驗。因為他們除了自己負責的產品外，還得了解其他產品行銷經理的需求以及思維邏輯。但為了既顧及個別產品能完美傳遞出要給消費者的訊息，又同時維持一致的全商品線企業形象，除雙重報告之外別無他法。

我們可以看到各式各樣的組織演進成混血型組織架構。不論是什麼產業，他們都必須發展出正向積極雙重報告模式。接下來是在《華爾街日報》上一篇有關俄亥俄大學的報導。括弧裡是我下的注解：

管理一所大學絕非易事。俄亥俄大學校長說：「制定決策的責任要由各處室（功能部門）及各系（任務導向部門）共同分擔。」俄亥俄大學規劃委員會於焉成立（同儕團體）。這個委員會由各系及處室遴選出來的代表所組成，協助在校務預算被大幅度刪減時如何分配有限資源（最困難且常見的問題），「我們學著以整體的觀點來看問題，」其中一位規劃委員說：「我代表的是學務處，今年處裡面有幾件案子必須搶預算。但在開會時，我竟幫要買堆高機的單位講話。」

不論是公司或是大學，混血型的組織架構都不可避免。但不管是混血型組織或是雙重報告，都不應該造成額外或不必要的文件工作。

我們應該不留情地掃除官僚，力行工作簡單化，將焦點放在真正有需要的工作上。但是我們不該逃避因為報告系統轉變而產生的複雜性。不管你喜不喜歡，混血型組織已成為今日企業到處可見的現象。

二度空間

當一個人參與協調工作，但這項工作並不屬於他例行的工作範圍，這也算是一種「變型的雙重報告」。

還記得之前提到的技術支援人員辛蒂嗎？她專門負責某一特定製程的改進以及維修。她的直屬上司是個資深工程師，而這位資深工程師又向這個廠的總工程師報告。辛蒂每日例行的工作包括儀器操作，留意製程監控器是否正常，如果一有狀況則負責調整。

但除此之外，她還有另外一個工作。她每月例行地和其他廠同樣負責製程的人開會，討論並設法解決他們在各廠碰到的製程問題。

這個協調小組的主席並負責制定各廠通用的準則，並由一個層級更高、由各廠的總工程師組成的「總工程師委員會」管轄。辛蒂在組織中的地位可由下頁圖19中看出。

她百分之八十的工作時間執行製程工程師的任務，她和資深工程師之間的從屬關係非常清楚，資深工程師往上則是該廠的總工程師。但身為製程協調小組中的一員，她則是受小組主席管轄。所以在這個組織架構中，我們可以看到辛蒂的名字出現在兩個組織中，而這兩個組織各有其功能：一個是負責該廠的製程，另一個則是協調各廠的營運。辛蒂要受兩個老闆管制，雙重報告就在這裡現形。

也由於辛蒂身司二職，我們不妨把「協調小組」當做另一個組織或是另一個空間，這聽起來很複雜，但其實不然。如果辛蒂是個教徒，她可能是她家的地區教會會友——同時也當英特爾的員工。對辛蒂而言，既是教會會友又是英特爾職員，這兩件事毫無衝突。同樣地，她在協調小組的屬性，就像她是教會會友一樣。

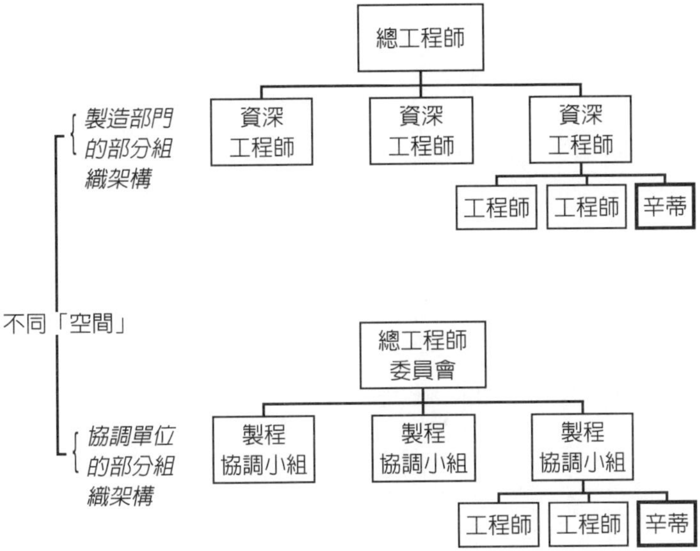

圖 19　辛蒂的名字同時出現在兩個組織圖中。

辛蒂同時在兩個部門提供她的專門技術，使她在英特爾能夠發揮更高的管理槓桿率。她的主要工作只與一個廠的製程有關；但經由協調小組，她在製程上的專業能力可以影響到所有工廠。所以我們了解，藉由這種小組可以提升經理人的管理槓桿率，對技術支援經理人尤其有用。

這種「二度空間」的組織概念在企業體中也很多見。負責規劃和負責營運的單位通常分屬不同空間。而企業中一個職員也可能在更多（既然兩個空間都可以的話）的空間之際遊走。辛蒂可以在其他事情上也發揮長才。好比她在英特爾工作，是教會會友，但同時又加入她住的鎮上的公園管理委員會。這些不同角色彼此並不衝突，雖然這都必須占用她的時間。

另外一個可能的狀況是，從屬關係隨空間轉變而互換。舉例而言，我是英特爾的總經理，但在另一個空間裡，我是策略規劃小組的一員，而這個小組的主席則是英特爾某個事業部的財務長。這又好比是後備軍人點召，在這短短一兩天裡，我受命行事，而在營區下命令的人恰巧是這位事業體財務長。平時我可能是他上司的上司，但在軍營裡，他的官階卻比我高。

這種二度或者多度空間的組織架構非常管用。沒有這種架構，我可能到處都得當頭，但有時我根本沒有時間，甚至不能勝任。多度空間的架構讓一個人隨著組織需要而改變其角色，時而將軍、時而小卒，組織應變的能力因而大幅提升。

我們提到的很多小組都是暫時性質。有些只是針對某一事件（例如商展），或是將一群人聚集起來交換意見解決特定問題。不管是那種情況，小組都會因事件結束或是問題解決而解散。隨著環境變化愈來愈快，問題愈來愈多，我們也愈需要這種臨時性組織。

在高科技產業裡，唯有靠著多度空間組織，才有辦法因應日新月異的科技發展。也唯有當混血型組織架構、雙重或多重報告體系健全之後，多度空間才會真的產生意義。而這些都得靠企業文化才能成事。

10 每個人都聽命的三個長官

控制模式必須因時制宜，獨沽一味並不能產生其最大效力。

現在讓我們來看看人的行為如何被控制或影響。

如果你的車子正需要換輪胎，你可能先到當初買車的經銷商那裡去看他們提供哪些選擇；然後你可能會到其他修車廠做個比較。在美國你可能還會去翻翻消費雜誌來個貨比三家。但到最後，你只會以一個標準來做決定：你的自身利益。你想要以最低的代價滿足需求。在這種買賣關係中，你會站在車商或維修廠的立場考慮的可能性極小。因為你並不關心他的利益，你總不會笨到去告訴賣你輪胎的人他應該抬高價錢多賺你一點。

這會兒你換了新輪胎開車上路，接著便碰上了紅燈，你只好停下車。你有沒有想過為什麼要腳踩下煞車減速等等？從來沒有。「紅燈停，綠燈行」只是一個再簡單不過的交通規則，人人都必須遵守並且無條件接受。如果駕駛人不遵守這項社會契約而在綠燈時停車，很快交通就會一團混亂。而交通警察就是要監視大家遵守這些契約，並且對違約者加以懲罰。

綠燈亮了，你踩下油門繼續前進。不幸地，在你眼前發生了一場嚴重的交通事故。你很可能會暫時丟開諸如「不可隨意在路肩停車」等交通規則或是你的自身利益等考量，而逕自前往幫助車禍傷患。你這麼做甚至還冒著事後被人反咬一口的風險。控制你如此行動的因素已經和你買輪胎或是紅燈停車時的因素不同。這既不是自身利益也不是遵守法律，而是對別人生命的關懷。

同樣地，我們在工作上的行為，主要也受這三項無形但極具效力的因素控制。這三項因素如下：

一、自由市場考量。

二、契約義務。

三、文化價值觀。

自由市場考量

當你在買輪胎時，你的行動基本上由「自由市場考量」的動機控制。你的行動繞著「價格」這個因素打轉。買賣雙方（不管是個人、組織或企業）都想盡辦法要增進他們自身的利益。

儘管買賣的項目可能是商品也可能是服務，但買方想以最低價格買進，而賣方想以最高價格賣出的原則絕不改變。交易雙方都不會關心對方會不會因為這樁買賣而破產。這種交易方式極有效率。沒有人必須做整體考量，大家自掃門前雪，各顧各的利益。

那麼為什麼我們不能把自由市場考量因素應用在所有情況？因為如果要使這個因素運作得順暢，買賣的商品或是服務的價值必須要能以金錢衡量。自由市場很容易地就決定輪胎的價格，但在工作上有太多其他的事情，並不這麼容易便能決定其價值。

契約義務

兩個公司之間的交易行為通常是由自由市場因素控制。我們從供應商那裡進貨，希望能以最低價格完成交易；同樣地，供應商則希望賺得愈多愈好。

但在某些時候，「便宜」或「多賺」這種價值概念卻很難找到。有一群人共同負責完成一件工作，我們該要怎麼決定工作結果產生後，每一個人的貢獻價值？在這裡自由市場的觀念一時似乎派不上用場，因為這一群人的價值並不能簡單地決定。

於是你找來這群工程師，告訴他們：「這樣好了。在未來整整一年，我出一筆錢請你們，但你們必須同意幫我做這些事。我們必須簽契約。你們每人會有一間辦公室，有一台電腦，而你們的責任是盡全力表現。」

這種控制的因素屬於「契約義務」。該做什麼以及標準何在都盡量以白紙黑字寫清楚。但無論如何，我還是不可能事前便規範這些工程師每一分每一秒該做些什麼，所以在工作契約中也包括了我對他們的管轄權，必要時我可以評估或糾正他們的工作。在同意了這些大綱之後，我與他們還會再建立出一些彼此遵守的準則。

現在讓我們回到「紅燈停」的例子，事實上我們也期待其他駕駛人能遵守「紅燈停」的規則，讓我們在綠燈時能夠暢行無阻。

但對於不遵守交通規則的人，我們便需要警察來維持秩序。但要設立這種監督角色，就得花一筆人事費用。

日常生活中的「契約義務」例子甚多，稅制是其中之一。我們付出所得中的部分，希望政府能提供給我們需要的服務。為了監督這整個制度，便產生了為數甚高的間接費用。

在美國，各地的電力公司代表可能會找州政府的相關人員洽談：「我們願意投資三百萬美元在此建立發電廠提供電力，但前提是你必須保證我們的獨家經營權。」

州政府則可能回答：「沒問題。但我們不能讓你哄抬電價。我們會成立一個『電力委員會』負責監督，你們的電價以及利潤必須由這個委員會決定。」這時兩造間契約的義務就登場了——為了獨占市場，這家電力公司日後必須聽從州政府「電力委員會」有關電價及利潤多寡的決策。

文化價值觀

當環境變化快到我們來不及改變規則以因應；或是情勢曖昧不明，即使用契約也無法處理所有發生的狀況時，文化價值觀便決定了我們的行動。

文化價值觀的要旨在於「大我勝於小我」，團體的利益先於個人的利益。文化價值觀的運作常會捲入一些情緒性的抽象字眼——諸如「信賴」——因為你必須相信犧牲私利最後對你還是有好處。而這種信賴的產生，則在於這個「大我」中的個體必須有同樣的價值觀，同樣的目標，甚至同樣的行事準則。而這三者的建立，則在於這群人是否有相同的經驗及背景。

經理人的角色是個耐人尋味的好例子。如果企業活動可純依自由市場因素運作，那麼管理幾乎無用武之地。跳蚤市場不用人管，各個攤位的交易照常進行。但如果是契約義務，便需由管理單位負責規則制定以及修改，確保大家都依規定行事，並且評估績效設法改進。

但在文化價值觀主導行為的層次上，經理階層則必須負責發展出一套組織內共享的價值觀、目標以及行事準則，以建立個體對組織的信賴。經理人可藉由訓話等方式來傳達訊息，但「言教不如身教」，最好的方法還是以身作則。如果經理人日常行事都依照組織價值及目標，自然風行草偃，上行下效。

我們很容易會誤以為「文化價值觀」是最好的控制模式，這種想法非常的「人性本善」，甚至帶點烏托邦，期待每個人都願意犧牲小我完成大我。

但控制模式必須因時制宜，獨沽一味並不能產生其最大效力。「文化價值觀」用來引導輪胎的買賣或是稅捐稽徵只會弄得一團亂。在每一種不同的情況下，都會有一種最適當的控制模式。如何找出此模式並加以運用，便是經理人的責任。

該哪一位長官出場？

為了找出企業中適當的控制模式，首先我們必須了解兩項變數：一是個體關心的是團體或是自身利益？其次是這個個體所處的工作環境本質。

我們以CUA指標（complexity, uncertainty, ambiguity.，CUA）來衡量一個工作環境：包括「複雜性」、「不確定性」以及「指令的模糊程度」。之前提到的製程工程師辛蒂，她面對著變幻莫測的新科技，以及各式各樣新發展的儀器；她還必須與產品發展工程師及製造工程師這兩群人之間折衝。辛蒂的工作環境無疑充滿了複雜性。而行銷經理布魯斯苦於人手不足，他的上司在聽完他的報告後也僅是敷衍兩句，布魯斯仍然搞不清楚該增加人手或是另謀其他解決之道，可見這個工作環境不確定性極高。

英特爾運輸經理麥可則必須和大小委員會以及各部門製造經理協調，他常常搞不清楚到底該聽命於誰。他最後終於因為受不了這種指令的模糊度而辭職。

在下頁圖20中，我們可以看到這個表分為四個象限。縱座標表示個人關心的是群體利益或自身利益。而橫座標則代表了工作環境的CUA：複雜性、不確定性以及指令的模糊度。現在我們便要找出各象限最適合的控制模式。

當個體關心己身利益，而環境的CUA低時，買輪胎例子中的「自由市場考量」便派上用場；而當個體轉向關心群體利益時，「紅燈停」的「契約義務」便成為最佳控制模式；當「大我」（群體利益）先於小我（個體利益），而CUA偏高時，以文化價值觀來控制行為最能產生效果。

這也可以解釋為什麼我們在車禍現場會設法停車幫助傷患；但如果CUA高而個人又只關心己身利益，任何一種控制行為的模式都將一籌莫展。這種情況就好比在船難時，如果每個人都只顧著保全自己的身家性命，結果只會造成混亂。

企業的新人CUA指標

讓我們把這套理論套用在某個剛進公司的新人身上。由於初來乍到，他無疑地比較關心自身的利益。因此，你應該給他明確的工作架構，降低複雜性及不確定性。

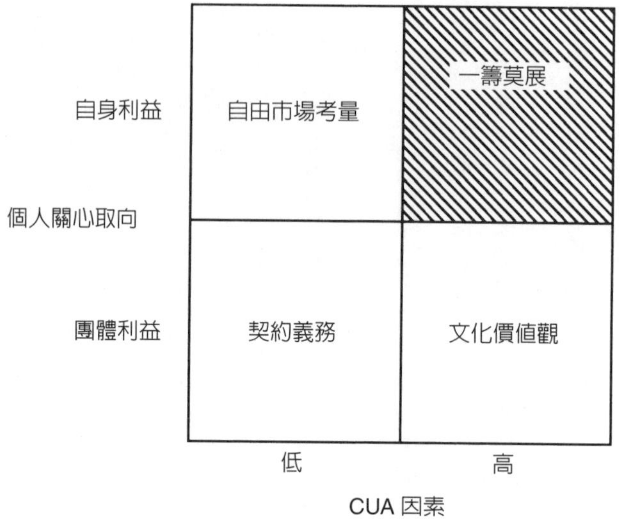

圖 20　經理人要選擇最好的控制模式。

過了一陣子如果他表現不錯，對這個環境會比較有歸屬感，也因此開始關心公司。他開始了解這艘船若要能早點達到目標，最好的辦法是他幫著努力划船，而不是跑到船頭去。

然後他可能被晉升到一個複雜性及不確定性都變高的職位（通常錢也賺得比較多）。隨著時移物往，他會從公司其他人以及自己身上累積出更多經驗，進而能處理更不確定的情況以及更複雜的問題。這也是為什麼企業文化較強的公司較傾向於內部擢升。剛進來的新人通常職位較低，工作範圍明確不複雜。經過一段時間，他會從同事、上司甚至部屬身上習得企業的文化價值系統、目標以及行事準則，並逐漸能夠接受及面對各種複雜問題、不確定性與多重指令的挑戰。

但如果我們外聘「空降部隊」來擔任高階經理時又該如何？

就像啟用任何新人一樣，一開始他還是比較關心自身利益。但身為高階經理，難免他會被指派管理一個有問題的部門——畢竟這是我們向外找人的原因。此時對這個經理人而言，他面臨的不但是燙手山芋，還包括了環境裡很高的CUA；同時，他尚未建立起屬於這個企業的價值系統與行事準則。在此狀況下，大家只能求老天保佑他能趕緊忘卻私利，以大我為前提，並設法降低CUA。如果他做不到這些，恐怕很快就會被撤換。

無所不在

隨便什麼時候，我們只要有行動，總是受控於上述三種控制模式之一。如果我們把時間的視野拉開，便會發現三種模式不時交錯地影響著我們。讓我們以鮑伯這個行銷專員為例。當他在自助餐廳買午餐時，他受自由市場考量影響。他的選擇非常清楚，基本上可以用「他願花多少錢來買他要的東西」來解釋，單純的「一個願打，一個願挨」。然後他回到辦公室，這個行為是「契約義務」。公司付錢買他的工作績效，當然也表示他必須在辦公室裡露臉。而鮑伯出席額外的策略規劃活動則是他對公司文化價值的認同。因為這個部分並不包括在當初他跟公司簽下的契約或例行工作之中，為此他必須另花時間和精力。但因為他對公司有認同感，便願意犧牲自己的時間。

再讓我們另舉一例。芭芭拉負責訓練業務人員銷售新產品。當她在購買訓練器材時，自由市場考量便介入：她想要以最低的代價得到她所想要的品質。接下來她辦的訓練課程本身就是一個工作上的「契約義務」。業務人員「期待」各事業部門定期舉行訓練課程。雖然你在公司的政策中找不到「定期舉辦訓練課程」這項條文，但這仍然是「契約義務」。在這裡要提的重點是：有時雖然只是「期待」，但其效力仍可等同於契約條文。

由於業務人員不只銷售一種產品，想當然爾，每一個產品經理都希望這群業務人員能全力衝刺本身負責的產品線業績。在這種情況下，如果各產品經理不能以公司整體利益為考量，那不管是訓練課程或是促銷活動都將變得一團糟。這種各事業部之間的協調，便是由企業文化價值觀主導。

我也曾聽過一群行銷經理抱怨公司裡的業務人員只顧私利。他們說業務人員只顧衝那些佣金或是獎金較高的品項。比起業務部門的人，他們覺得自己總是以公司的利益為優先。

但其實行銷部門的人才是「始作俑者」。是他們自己搞出種種名堂舉辦各式各樣的銷售競賽，動不動就是以關島、夏威夷或是名牌轎車來利誘。各產品經理真正競爭的是業務人員有限的資源——時間。而業務人員的反應也不過是「利之所趨，人之常情」。

利益並非一切

業務人員並不總是「道義放兩旁，利字擺中間」。曾經有一次英特爾的事業部之一出了問題，連帶使該產品線部門的業務人員幾乎一年沒有東西可賣。他們可以隨時捲了鋪蓋另謀高就，但大部分人還是留了下來。他們的留下其實便代表了他們對公司的認同，相信只要咬緊牙關總會突破困境。

這種信任絕對和「自由市場考量」無關，而是一種「企業文化價值」的表現。

第四節課

謀事在「人」

11 激勵部屬參加比賽

將辦公室化為競技場培養部屬的運動家精神：求勝但不怕輸，並隨時向自己的極限挑戰——這是一個團隊能不斷前進的主要動力。

前面我說過一句很重要的話：「一個經理人的產出，是他所管轄或影響力所及的組織產出的總和。」換個角度看，這也說明了管理即是一種團隊活動。不管教練再怎麼強，仍然得看隊員們的表現，就像在球場上運球上籃還是得靠球員自求多福。如果這些個體不盡他們的全力，我們之前所提到的種種管理步術也是枉然。接下來我就要教你怎麼刺激你的隊員超越巔峰邁向極限。

「不爲」還是「不能」？

如果一個人沒做好他該做的事，只有兩種原因可以解釋：他不是「不為」就是「不

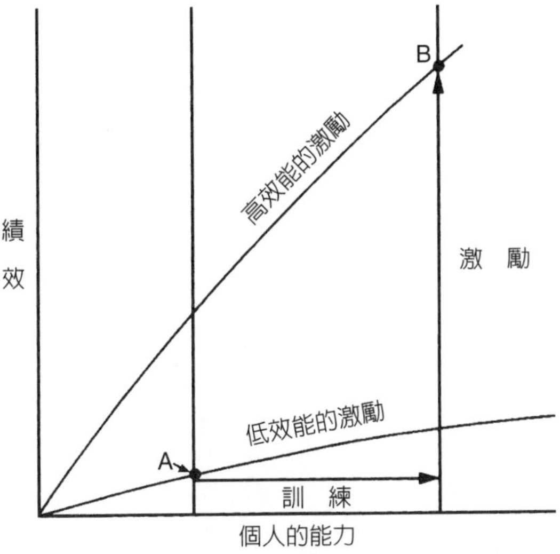

圖 21　經理人能藉著訓練或激勵來促進部屬的績效

能」——前者是缺乏誘因，後者是無能為力。至於是「不為」或是「不能」，我們可以用一個小小的測驗來判定：如果這個人的小命得靠做這件事才能保住，他肯不肯做？如果他肯，是「不為」也；如果不肯，誠「不能」也。如果我的生命取決於我能否拉好柴可夫斯基小提琴協奏曲，我大概只好投降；但如果生死存亡是維繫在二十分鐘內跑完五千公尺，我一定會放手一搏。並不是我喜歡跑五千公尺，只是形勢逼人，「螻蟻尚且偷生」。

要讓部屬登峰造極，是經理人種種任務中最重要的一環。要應付之前提到的「不能」以及「不為」，經理人便得用上兩項法寶：訓練與激勵。在圖21中，我們可以看到這兩者對促進個體績效各有其功能。先讓我們把重點放在「激勵」。

經理人應如何激勵部屬？對大部分人來說，「激勵」這個詞兒總暗示著「對某個人做某些事（威脅利誘等等）」。我認為不然。激勵要能產生效能，必須要發諸當事人的內心。而經理人所能做的只是創造出適當的環境，讓受到激勵的人能好好表現。

不再是生死存亡

激勵是用來增進績效，而不是改變一個人的情緒或者態度。如果一個部屬說他覺得受到激勵，對整個組織並沒有什麼幫助。我們真正在乎的是在外在環境改變，他的績效是否隨之改變。我們也許可以將他的態度當成指標——就好比在黑箱上開窗檢視「激勵是否運作正常」，但「態度」並不是我們要的產出或是結果。我們追求的是部屬拿出更卓越的表現。

在西方歷史的早期，甚至一直到工業革命初，恐懼以及懲罰在激勵中都扮演了重要的角色。那時人們因為「害怕」生計無著落而工作。他們如果不工作就沒錢買飯（麵包）吃；而如果去搶去偷不幸被逮，又會被送上斷頭台。會被懲罰（沒飯吃或身首異處）的恐懼間接刺激了他們在工作上賣命。

但在最近三十年，恐懼、懲罰等激勵手段逐漸被其他方法取代。這些較為人性的激勵方式源於員工已不再只是出賣勞力，他們也貢獻技術以及知識。只靠勞力的生產線作業員的產出很容易衡量，因此只要一沒達到標準就會被查出；但對於「用腦」的員工來說，要衡量績效經常得花上一段時間，有時甚至很難列出衡量的標準。

換句話說，你可以用恐懼來讓中古時代的奴隸拼了老命幫你划船，但你的電腦工程師可不吃這一套。所以才有了這一派較為「人本」的激勵方式。

基於我在生活以及工作上的長期觀察，我個人較為偏好馬斯洛（Abraham Maslow）的「需求層級激勵理論」。在馬斯洛的理論中，「激勵」和「需求」的關係十分緊密。人因需求而產生動力；而一旦某項需求得到滿足，這項需求便不再是激勵的來源。**簡單地說，如果我們希望激勵能一直有效運作，必須先確定部屬仍有一些需求尚未得到滿足。**

只要是人，不管什麼時候總有各種不同需求。而這些需求也總是有優先順序——某些需求會比較迫切需要解決。而這項需求便決定了某個人是否受到激勵，以及他的工作績效能否因而提升。下頁圖22即是馬斯洛的需求層級。當較低層級的需求獲得滿足之後，這個個體的需求通常便會向上晉升一級。讓我們逐項來談談：

◆基本生理需求

這個層級的需求通常只要有錢就能解決，例如：食、衣、住、行以及其他日常生活不可

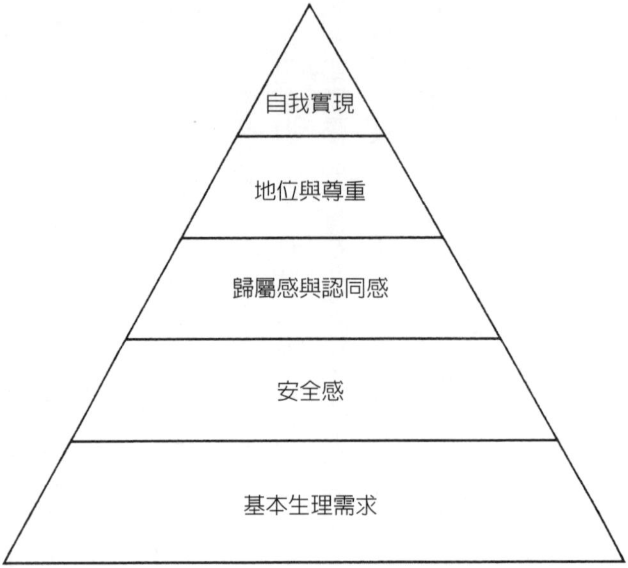

圖 22　馬斯洛認為人的需求是有層級順序的，當較低層級的需求被滿足後，才可能產生較高層級的需求。

缺的事項。恐懼與此類需求經常相生：個體會害怕沒飯吃或是沒衣服足以禦寒等等。

◆安全感

這種需求是當個體希望不要再面臨基本生理需求匱乏的恐懼，不用再擔心三餐不繼以及其他類似情形時所產生的需求。舉個例子，如果一家公司提供了完善的勞保制度，員工們便不用擔心如果發生意外無力支付醫療費用，這種福利雖然不是員工受到激勵的主要來源，但顯而易見地，如果公司不提供保險制度，員工可能開始擔心，工作績效無疑地將受到影響。

◆歸屬感與認同感

人是群居動物，因而也有歸屬於某團體或受別人認同的需求。但人卻又挺挑剔，「陽春白雪」可不想和「下里巴人」混在一道，他們只想和相同特質的人在一起。情緒高昂、有自信的人會想和同樣的人在一起；情緒低落的人只想與同樣沮喪的人為伴。

歸屬感或認同感的需求有時可能十分強烈。我有一個朋友在當了好幾年全職的家庭主婦後又重回職場。她的家境十分富裕，但她這會兒找到的工作薪水並不高，對她家的經濟狀況幾乎沒什麼幫助。有一陣子我百思不解，搞不懂她為什麼要去上班受老闆或顧客的氣，但後來我終於了解：她需要歸屬感。重回職場可以和一群她喜歡的或和她相像的人在一起。

另外一個有關歸屬感的當事人是英特爾一位年輕的工程師吉姆。他畢業後即在一家歷史悠久的大公司上班，但他兩個大學的死黨都在英特爾。他們畢業後還是住在一起。因此吉姆經常聽他的室友聊在英特爾的工作狀況及工作環境。更重要的是，他的室友在英特爾的同事多半也都很年輕，未婚，剛從大學畢業一兩年；而吉姆公司裡的同事通常已經結婚且大他十歲左右。因為在人際團體裡覺得格格不入，因此雖然吉姆非常喜歡那份工作，他最後還是選擇了跳槽到英特爾。

隨著周遭環境或狀況的改變，我們需要被滿足的需求也不斷地在改變。在這裡要提到的是英特爾的一位年輕經理恰克。這個故事發生在恰克讀哈佛商學院的第一年。學期一開始，他就被教授以及上課的題材嚇到，害怕可能過不了關被當。但沒過多久，他便發現班上同學其實都是半斤八兩，誰也沒比誰強多少。同學之間開始組成讀書會，表面上是複習或討論上課題材，而實際上真正的目的則在於增強彼此的信心。

恰克的需求從基本需求——在哈佛商學院裡求生——移轉到安全感的需求。而隨著學期的進行，各小組逐漸瓦解，班上同學開始彼此愈來愈熟。這整班不久便成了一個團隊。團隊裡的成員開始有了歸屬感及對此團隊的認同，並努力維持這個團隊的聲譽。在此階段，恰克便是在滿足他的歸屬感及認同感的需求。

當然，需求也有可能從較高的層級退化到較低層級。不久前我才見過一個實例。英特爾在加州有一個廠，本來這個廠的工作士氣非常高昂，突然一場大地震把一切都改變了。這群員工不再在乎高層級的需求，不再在乎高附加價值的矽晶片、工廠設備，甚至鎮日一塊兒打拼的夥伴情誼。在天搖地動的同時，每個人都回到最原始的求生需求，大家落荒而逃，拼了命只想找到最近的安全門。

以上提到的三種需求層次：基本生理需求、安全感與歸屬感、認同感，都只是激勵我們去上班在公司裡露臉；而接著要提到的另外兩個需求層次——「地位與尊重」以及「自我實現」，才是真正激勵我們在工作上追求更卓越表現的原因。

◆地位與尊重的需求

這種需求可以簡單用八個字解釋：「有樣學樣、迎頭趕上」。雖然大家對「打腫臉充胖子」通常嗤之以鼻，但如果你是個運動員而你學樣的對象是去年的奧運金牌得主，又或者你是個演員而你將名演員的演技立為學習標竿，那麼這樣的需求都會有助於促進工作上的績效。

「地位」則對每個人而言各有不同樣貌，你追求的對旁人而言可能根本不屑一顧。如果你是個棒球校隊球員而碰巧在路上碰到你仰慕的職棒球員，你可能會像被電到一樣。但當你回到家告訴你老媽或是你那愛聽古典音樂的老弟時，他們可能連頭都不抬。因為對不是棒球迷的人而言，職棒球員根本不代表什麼。

到目前為止我們所提到的激勵來源都有其「自限性」——一旦一個需求得到滿足，這個需求便不再能夠對個體產生激勵的作用。當你達到一個既定的目標，在同一個需求層級裡縱使你還有其他目標沒搞定，但它們的重要性將驟然降低。

我有個朋友還沒到中年便面臨了「中年危機」。原因是他的表現太好，公司很快地把他擢升為副總經理。這原本是他生涯計畫的頂端，但當他突然發現自己已爬到了朝思暮想的位置，一時之間便失去了動力來源。他得再找其他的需求激勵自己。

◆自我實現的需求

依照馬斯洛的解釋，自我實現即是將個人的潛能發揮到極限，「盡己所能，超越巔峰」。一旦某個人受激勵的來源是自我實現，他工作的動力將不再受局限。這是自我實現有別於其他激勵模式最重要的特點。其他的激勵來源一旦在需求滿足之後便不再生效，但自我實現將不斷地激勵個體往上突破。

有兩種內在動力可以促使個體將能力發揮到極致：「精益求精型」以及「成就導向型」。精益求精型一心在某件事上鑽研琢磨，就像成名的小提琴大師，即使他的音樂會一票難求，他仍然日復一日練習不敢稍怠。這顯然已經不只是地位或者受人敬重的需求。他不斷地琢磨琴藝，只希望每一次表現都比上一次更好。就好比路邊溜滑板的青少年，他可以為了某一招不斷地練習。要他做學校作業他可能在書桌前十分鐘都坐不住，但一談到練滑板新招，他可以一再重覆一個動作上百次也不覺得累。這種義無反顧便是自我實現，為了「好還要更好」，因此永遠沒有止境。

成就導向則和前者略有不同。有些人（雖然不太多）即屬於此類。這種人經常懷有「達成任務」的決心。有一個心理實驗可以大致描述他們：一群受測者被安排到一個房間裡，每個人都分配有套圈圈遊戲用的圈圈，但實驗的負責人並沒有告訴受測者這些圈圈用意何在。這個房間的地板上散置著幾根遊戲用的立桿。雖然沒有標示，這群人沒過多久就開始玩起套圈圈的遊戲。有些人站得遠遠地隨便擲，有些人則走到立桿旁直接把圈圈套下。而另外有一群人則站到離桿「有點遠又不會太遠」的距離之外，讓遊戲成為一種挑戰。這群人不斷地在尋找他們能力的極限。

實驗者將以上的行為分成三類。第一類稱為「賭徒」型。這種人願意冒高風險，但他們對結果並沒有控制力；第二類被歸納為「保守」型，這種人不喜歡冒險；第三類則被稱為「成就」型。這類人喜歡向他們的能力極限挑戰。

在這個實驗中，實驗單位並沒有給受試者暗示或任何指示，因此，我們可以看出有些人就是喜歡向自我挑戰，即使沒有任何實質回饋。雖然在這樣的自我挑戰中，他們可能有時候圈圈會沒套準；但一旦他們抓到了竅門愈投愈準，這類人便得到滿足並覺得有「成就感」。而不管是「精益求精」型或是「成就導向」型，他們共有的特點便是「隨時挑戰自我極限」。

當一個個體喪失了自我挑戰的動力，管理者便必須動腦筋去創造出讓這種動力源源不絕的環境。舉例而言，在目標管理系統中，制定的目標不應該是一蹴可幾。我們所定的目標應高於一般人的能力，即使他們非常賣力，可能仍然只有百分之五十的成功機會。雖然個體有百分之五十的機會會嘗到失敗滋味，但「靶定得遠，箭也射得遠」，實驗證明這種情形下的產出大於「一蹴可幾」的目標。當你所追求的是「超越巔峰」時，這樣的目標制定策略更顯其重要性。

除此之外，如果我們想要讓員工都能提升自我實現需求的層級，便必須先創造出一個講求產出的環境。我的第一份工作是在一個研究發展實驗室。實驗室裡的人對工作都有極高的熱忱；但他們只是想知道更多的知識或是技術，卻不一定能運用這些知識技術去創造出任何實質結果——果然這群人也並沒有「成就」出什麼。

相反地，在英特爾有另外一套價值系統。一個電腦博士也許懂很多，但如果他不能應用他的所知創造出有形的產出，滿腹經綸也是枉然；一個助理工程師如果能創造出有高附加價值的產出，他在公司裡的地位也將水漲船高。一個企業組織中的價值系統本當如此。

金錢及工作相關回饋

現在讓我們來談談金錢在激勵員工上扮演的角色。當需求層級較低時，金錢明顯地非常重要，因為有了錢才能夠買日常生活的必需品。但一旦這個人超越了以上的需求層級，錢便不再能使鬼推磨。

以英特爾在中美洲的一個零件組裝廠為例。那個地方的生活水準較低，而英特爾給的薪水則高出當地平均薪資許多。這個廠的營運初期便因此碰到一個狀況：很多員工一旦賺到他們設定的目標就辭職不幹——這個目標數字在我們眼裡經常小得微不足道，但對他們而言，這個層級的需求已得到滿足，金錢已不足為誘餌。

再看另一個創投家，他賺足了第一個千萬美元之後，仍然卯足了全勁朝第二個千萬邁進。到了這個層級，安全的需求或是歸屬感、認同感等都已不再能解釋他行為的動機。並且因為通常這樣的人並不會張揚他們的所得，他們賣命賺錢顯然也不是為了提升社會地位或是贏得別人尊重。當一個人的需求是在最高層級——自我實現時，金錢已成為衡量成就的標準，而不再只是為了滿足生理上的需求。在基本生理需求或是安全感需求時，金錢的效力在需求被滿足時就會停止；但如果金錢成為衡量成就的標準，它的效力將無遠弗屆。

這也是為什麼對創投家而言，第二個千萬元和第一個千萬元一樣重要。因為他追求的已不再是金錢帶來的「實質效益」，而是無形的成就感。追求成就的需求往往永無止境。

我們可以用一個簡單的方法來測試一個人到底屬於哪一個需求層級。如果一個人在乎的是薪水調升的絕對值，他大概還屬於基本需求或是安全感的層次。但如果他所在乎的是「相對於別人」他的調薪幅度是大是小，他工作的動力來源是為了得到尊重或認同，或是為了自我實現。在這樣的情況中，金錢明顯地只是衡量成就的尺度。

一旦一個人的動力來源是在自我實現層級，他便需要某些標準來測量進展如何。最重要的一種衡量尺度是對他工作績效的回饋。而對一個致力於自我實現的人來說，事實上回饋「來自於他自己」。

小提琴大師知道怎麼樣才是完美，因此不斷練習朝巔峰邁進。但如果有一天他發現再怎麼勤練也無濟於事時，練習的動機便告終。我曾經認識一個由匈牙利移民到美國的奧運跨欄徑賽金牌得主，最近一次碰到他時，他告訴我其實他搬到美國後沒多久便不再練習跨欄跑步了。他說這裡的跨欄水準不足以訓練出激發他鬥志的對手；而他每次練習時，總覺得技巧一點一滴地在衰退。

到了企業的工作環境裡，我們能夠提供哪些回饋或是績效衡量系統呢？適當的衡量系統必須讓員工的績效和公司的目標緊連密合。當這樣的系統真正運作時，它能夠反映出員工的目標達成率，並且增進他的效率。經理人必須設法讓他的部屬不被一些不必要的因素干擾（諸如：辦公室的新舊、大小及裝潢），而真正著眼在要緊的事上。在此類「工作相關回饋」中，最重要的一種形式是上司對下屬定期的績效檢討，我們將在之後的章節中詳談。

恐懼

當一個人的需求層級停留在餬口以及安全感時，他的恐懼源於因失業而導致身家性命無以為繼。但當一個人的需求層級是在自尊與地位或是自我實現階段時，恐懼是否仍有驅策的力量呢？答案是肯定的，但在此，恐懼已化為「對失敗的恐懼」。至於這種動力到底是好是壞，則視情況而定。當一個人被交付一項任務時，害怕失敗的心理可能促使他卯足勁全力以赴，但他也可能因此而不敢創新變得畏首畏尾。

讓我們回過頭看套圈圈的例子。如果受試者每失敗一次，就會遭受一次電擊，很快地他就會學會拿起圈圈，走到桿子旁邊再直接套下去，以避免因為沒套中（失敗）而帶來電擊的痛苦。

一般而言，在較高的需求層級時，恐懼通常源自內在而非因為外表的威脅。人經常因為「過不了自己那一關」而導致行動上的退卻。但如果老是如此，這個人很快就會從自我實現的層級往下降落。

競賽

經由激勵理論，我們深入了解人的工作動力，而經理人也可由此了解如何驅動員工邁向績效巔峰——發揮出他們的「個人最佳狀況」。雖然我們真正追求的是組織整體的績效，但這個整體績效明顯地繫於個體的工作技能以及是否賣命打拼。因此，經理人角色的第一步便是訓練部屬（如圖21中，讓員工由左向右水平移動）；而第二步則是提升他們的需求層級，讓自我實現成為他們工作的動力。

因為唯有如此，他們才會自動自發，工作動力將源源不絕。

有沒有什麼系統性的方法可以引導個體提升至自我實現的層級？為了尋找這個問題的答案，讓我們問另外一個問題：為什麼一個在工作上老是提不起勁的員工，在馬拉松競賽時卻使盡了全力向目標挺進？是什麼讓他拼了老命地跑？因為他在競賽中有對手，而且有碼錶在計時。這是一個簡單的自我實現模式：人們盡全力朝夢想的目標邁進，這種動力使他們願意揮汗如雨，努力跑得更快或更遠。他們並不是為了金錢，而只是向距離以及時間挑戰，並且懷抱著「不服輸」的決心。以下我要援引拳擊手弗雷澤（Joe Frazier）的一段小故事：有人問到弗雷澤為什麼打拳，他便覺得納悶，「我是個拳擊手，這是我的職業；我只是盡力把工作做好而已。」可他也並不否認金錢的吸引力：「誰會想要拼了老命結果仍然三餐不繼？」但對他而言，顯然有其他事情的重要性遠勝於金錢。弗雷澤說：「我並不想要成為拳擊明星，這對我並沒有什麼意義。但我必須打拳擊，拳擊是我生命的一部分。事情就是這麼簡單！」

試想如果每一個經理人都有這種競技場上不可或缺的個性，我們的生產毛額可能要高上好幾倍！

為了要做到這點，我們先要克服一些文化上的偏見。我們的社會對在運動場上競技的運動選手有相當的評價，但對在工作拼命表現、時常加班的人卻套以「工作狂」之名。大多數的偏見覺得運動競賽有益身心，而工作則是一種無趣的必要之惡。

這種偏見很難改變，有句俗諺說：「如果你不能打敗你的對手，那麼就加入他們吧！」既然工作的概念天生就比運動形象吃虧，我們乾脆把工作融入運動場上的競爭精神。最好的方法便是先制定遊戲規則，並且讓員工有衡量他們表現的尺度。以下舉一個簡單的例子。

工作如遊戲

好些年來，英特爾負責辦公室及廠房清潔的部門一直表現不佳，即使用盡威脅利誘，這些部門好似仍然無動於衷。直到我們舉辦了一場各廠房及辦公大樓之間的清潔競賽，情況才忽然改觀。幾乎是在一夕之間，每個大樓或廠房都突然改頭換面。我們並沒有提供獎金或是其他獎勵。

他們得到的只有一個競技場。如果你是清潔工，讓你所負責的廠房在清潔競賽中掄元奪魁絕對是一種強而有力的激勵來源。這便是經理人在引進這種競技精神時必須注意的一點：必須站在部屬的立場看部屬的工作，幫他設定衡量指標，找好對手並且指定跑道！

當然，如果我們換個角度看，一旦競賽結束，激勵的來源也就隨之消失。有一個報紙的專欄作家說，他最大的工作樂趣便是在筆仗中求勝。但他的這項樂趣不幸地隨著兩家報社的合併而告終。「我永遠忘不了報社合併的那天，」這個專欄作家說：「我走出報社到火車站，心想自己像是個失去了跑道的選手！」

而運動精神應用在工作上，其實也包含了教導我們如何面對失敗。前面曾經提過，對失敗的恐懼往往是一個充滿工作動力的人心理的障礙。但我們也知道，在所有的運動競賽中，失敗的機率最少是百分之五十。每個與賽者都知道這個結果，但卻極少有人願意在中途放棄。

經理人的角色在此便極為明顯：他應當是個教練，身為教練，首先必須不居功，團隊的成功來自於隊員對教練指導的信賴；其次，他的訓練必須嚴格。藉由當一個鐵面教頭，他嘗試激發出隊員的潛能，並刺激出團隊的最佳表現。一個教練應該曾經是個好選手，因此他了解競賽的規則以及選手在練習及比賽時可能面臨的瓶頸。

將辦公室化為競技場能讓部屬有運動員的精神：求勝但不怕輸，並隨時朝己身的極限挑戰——這是一個團隊能不斷前進的主要動力。

12 工作成熟度

一個人的工作成熟度會隨著工作環境改變。當部屬的工作成熟度一旦有波動，你對他的「最佳領導風格」也必須隨之變動。

我必須一再強調，一個經理人最主要的職責，便是激發出部屬的最佳表現。假設我們都已經了解是哪些事情在左右部屬工作的動力，接下來的問題便是：到底有沒有所謂的「最佳管理風格」？有沒有什麼管理技巧是「打遍天下無敵手」？

已經有太多人想盡辦法想找到萬靈丹。如果我們回頭看看這段歷史，我們會發現每個時代流行的管理風格，其實和當時的激勵理論有極大的關係。

在十九世紀末二十世紀初，有關工作的概念極為簡單——老闆告訴員工做些什麼，如果他們照著做就有錢拿，不願意遵旨照辦的就被炒魷魚。因此，當時的領導風格也就非常簡明且層級清楚：有一群人專門發號施令，而另外一群人只管「多做事少開口」。

但在一九五〇年代，管理理論轉趨人性，認為應該有比較「仁厚」的方法讓人努力工作，因此領導風格也隨之改變。時至今日，大學裡研究行為科學的科系有如雨後春筍，有關激勵以及領導理論也不再只是紙上談兵，大部分理論都需經過嚴密控制的試驗證明。但令人驚訝的是，即使較早建立起的領導理論多半靠直覺，但後來的實證科學也並沒有辦法將它們推翻，或是證實某項領導風格確實較其他的更勝一籌。研究學者似乎必須下「沒有所謂最佳管理風格」的定論。

我個人的觀察則更肯定這項定論。在英特爾，中階經理人的工作經常輪調，以增廣他們的歷練。雖然輪調部門的背景及工作內容通常極為類似，但最後的產出卻常有極大的差異。本來有些經理人及部門似乎產能總是較高，其他則不然。但輪調經理人的結果常令我們驚訝。

輪調的結果顯示，不論是經理人或是各部門都無法一直維持其高產出或是低產出的慣性，總是會有高低潮。顯而易見地，**高產出是某些經理人及某些部門特定組合所帶來的結果**。事實上這也表示沒有任何一種領導風格能放諸四海皆準。

總有高低起伏

但有些行為科學學者則認為，有一種變數能告訴我們在不同狀況下的最佳領導風格。這個變數他們稱之為「工作成熟度」（task-relevant maturity, TRM），這個指標涵蓋了部屬是否為成就導向、是否有擔當、他們的教育背景、受過些什麼的訓練與以往的工作經驗等。除此之外，以上所提的每一點都應以他們手邊的工作結果評斷。

一個人或一個部門可能在某件事上有很高的工作相關成熟度，但在另一件事上則猶如初出茅廬。

舉個例子。我們最近才將一個超級業務經理調到工廠管理整個廠務。這兩項工作的規模相距不遠，但在業務調動之後，這個經理人的績效顯著衰退，而且他開始出現無力負荷的跡象。

雖然他個人的成熟度並沒有改變，但在這項新任務的工作成熟度卻非常地低——由於環境、工作內容及任務的改變。他得很快地開始學習處理這些狀況，他的工作成熟度才會逐漸增加。

不消多久，這位經理的績效又重新達到以前的標準——這是當初我們之所以擢升他的原因。這整個過程有點始料未及，但顯然地我們將這位經理人個人的能力與他的工作成熟度混為一談。

同理，一個人在某種程度的複雜性及不確定性下，可能有很高的工作成熟度，但一旦這個工作的複雜性增加，或是工作內容突然改變，這個個體的工作成熟度將會下降。這有點兒像是一個人在鄉間小路開了好幾年車，現在突然要他開上擁擠的高速公路一樣。雖然開的還是同樣的一輛車，但他對駕車任務的成熟度卻近乎跌至谷底。

隨成熟度變化管理風格

因此，我們的結論是，隨著工作成熟度的改變，管理風格也必須隨之改變。明確地說，也就是當工作成熟度低時，最有效的管理方法是提供明確且詳細的指示，在這種情形中，上司告訴部屬該做什麼事、何時完成、如何著手；換句話說，這時採用非常有架構的領導作風。

但隨著部屬工作成熟度漸增，最有效的領導方式也由架構化轉移至溝通、情緒上的支持與鼓勵；相較於部屬「手上的工作」，經理人應花較多心神在這個部屬本身。

而當工作成熟度愈來愈高，管理風格也會一再改變。在更成熟的階段，經理人對他的干涉應該降至最低，主要管理目標應聚焦在確定部屬的努力方向是否合乎部門需求。

然而，不管工作成熟度落在哪一個階段，經理人都應當隨時且適度地監視部屬的工作，以避免任何突發狀況。

如我們之前所提，上司仍會督導部屬的工作才叫做「授權」，反之則是瀆職。有關於不同程度的工作相關成熟度及其對應的領導風格請見下頁的表。

部屬工作相關成熟度	有效的領導風格
高	組織化，任務導向，告訴員工該做什麼，何時完成以及如何著手。
中	注重個體，強調雙向溝通，給予情緒上的支援以及鼓勵。上司與部屬之間相互了解。
低	經理人的參與程度降低；彼此建立起工作目標及監督系統。

部屬的工作成熟度是決定有效管理風格的基本變數。在此我必須要特別提醒：不要草率地下價值判斷，以為組織化的管理風格不如強調雙向溝通的管理。你在思考管理風格以及真正執行時，「扮白臉」或「扮黑臉」不應當成為決策的因素。千萬記得：我們真正在意的是效率。

生命相關成熟度

這套理論事實上和親子關係的發展極為相仿。隨著小孩子的年紀漸長，父母的管教風格也會因孩子的「生命成熟度」——或孩子的年齡而改變。

當孩子還滿地爬或剛學走路時，父母必須告訴他什麼碰得什麼碰不得。這個年紀的孩子可能不懂他想玩的骨董花瓶價值連城，但他知道什麼叫做「不行！」。當他漸漸長大，便開始依他的直覺做事。父母會鼓勵他獨立行事，但有時還是要插手保護他，不讓他受到傷害。

舉例而言，父母可能會建議小孩把三輪車換成兩輪的腳踏車，但他們通常不會就逕自交給孩子一輛腳踏車讓他去跌去撞。他們會陪著孩子在巷子或操場練習，並且再三叮嚀要注意交通安全。當孩子愈來愈成熟，父母便逐漸減少耳提面命。

接著，在孩子要騎腳踏車上街時，父母慢慢不會再囉囉嗦嗦。最後，當孩子的生命成熟度夠高的時候，他可能會離鄉背井到外地求學。當此之際，親子之間的關係又再次改變，父母只是旁觀孩子生活。但萬一孩子所處的環境突然產生巨變，而他的生命成熟度顯得不足應付（例如他在學校被當了幾科），父母的管教風格可能要回到之前的階段。

隨著雙親（或經理人）的管理風格由組織化到雙向溝通及旁觀監視，其實掌控孩子（或是部屬）行為的組織化程度並沒有改變。

十幾歲的孩子知道騎腳踏車上高速公路是險事一樁，而父母也不再需要為此事嘮嘮叨叨。控制行為因此只是由「外加」轉為「內化」。

建立共同價值觀

如果父母（或是經理人）在早期便灌輸孩子（或是部屬）正確的行事準則，之後這個孩子做的決策通常也比較會如父母的期望。事實上，如果希望管理風格能夠由組織化進展到旁觀監督，先建立起共同的行事準則及決定優先順序等能讓企業一體運作的價值觀絕對勢在必行。

沒有這種共同的價值觀，一個組織很容易陷入謎團並失去目標。因此，傳授此共同價值觀的責任，又結結實實地落在經理人的身上。他終究要為部屬的產出負責。

同時，如果無法建立起共同價值觀，經理人也不可能有效授權。我曾經有個同事，他非常喜歡任用新人來處理他原有的部分工作，而他自己則可以處理一些新的任務。但通常這些新部屬都沒辦法把事情處理好。我同事對這種情況的反應是：「他必須在錯誤中學習！」但問題是新人的學費是客戶在負擔。這樣的做法可說是大錯特錯！經理人必須負責教導其部屬，而非由其他人（不管是內在或是外在客戶）來負擔。

風格與槓桿

基於現實理由，身為經理人，我們必須趕快提高部屬的工作成熟度。對於一個具有高度工作成熟度的員工，如果能夠施行適當的領導，將會較諸施以高度結構化的領導風格省掉很多時間。不只如此，一旦員工習得組織的營運價值觀，又具有較高的工作成熟度時，主管便能開始分權，進而增進自身的管理槓桿率。

最後，當員工的工作成熟度達到頂尖的時候，他基本上已完成訓練，這時他工作的動力將大致上來自內在的自我實現動力——這便是一個經理人盡全力想追求的境界。

我們在之前已經提到，一個人的工作成熟度會隨著工作環境改變。當部屬的工作成熟度一有波動，你對他最有效的領導風格也必須隨之變動。

讓我們以戰地駐紮的部隊為例，駐紮一開始並沒有什麼戰事，負責指揮的士官長因此有機會了解他的每一個士兵，並且和他們維持著不太正式的關係。只要每天照表操課，這個士官長幾乎可以在辦公室裡蹺腳。因為整個部隊已經有了很高的工作成熟度，上級的督導也降至最低。

但若有一天敵軍突然出現，槍林彈雨不斷襲來。這個士官長的作風馬上一百八十度地大轉變成為極具結構化且任務導向，他向每一個士官狂吼下達命令，告訴這群小兵該做什麼，時間和方法也都列得清清楚楚並且要求複誦……，等過了一陣子，如果敵軍還是繼續來襲，而這個部隊也沒有轉移陣地，終究他們每日的所作所為又將成為例行公事。此時，部隊成員的「新工作成熟度」——也就是「如何戰鬥」這件事，又將再度提高，士官長逐漸不用像隻瘋狗般每天大吼大叫。

換個角度來看，經理人是否能以雙向溝通及了解的領導作風來管理部屬，主要是取決於時間因素。雖然我們都知道理論上督導旁觀的方法最具生產力，但在現實中，我們必須費好大一把勁才會到達那個階段。而且即使員工的工作成熟度到了那個階段，一旦環境改變，這個經理人很可能又得開始像個老媽子一樣地耳提面命。

大部分的人都會認為精明的經理人不應該用這種「老媽子」管理作風，也因而經常發生想開始出來管管的時候，事情已經不可收拾。身為經理人應該努力消弭這種偏見。管理風格並沒有孰優孰劣，最主要應基於員工的工作成熟度，以決定哪一種領導作風較有效率。這也是研究學者找不出一種最佳的管理方法的原因，因為隨著工作環境的不同，它可能每日，甚至時時刻刻都在改變。

好經理難爲

判定部屬的工作成熟度並不是件簡單的事。即使這個經理人知道部屬的工作成熟度，他的管理作風也經常是取決於他個人的偏好，而非邏輯的思考。比如當一個經理人察覺部屬的工作成熟度是中度的，在現實中他的管理作風可能會趨向結構化或是旁觀督導。換句話說，在這個狀況下，經理人通常不是管得太多就是管得太少，很難恰如其分。

經理人對自己的認知則是另一個問題。通常我們都把自己看成很會溝通或很能授權的人，但部屬卻常常不以為然。我曾經找了一群經理人及他們的上司對這個論點做測試。我分別問這群經理人他們上司的領導風格，然後再問這些上司他們自以為自己的領導風格是什麼。

結果大約有百分之九十的上司自評的較他們的部屬認為的更擅長溝通及授權。為什麼會有這麼大的差異？部分是由於經理人多半自以為很能放手讓部屬去做，但另一個原因則是上司給部屬「建議」時，部屬常當成「命令」——也因此造成了認知上更大的歧異。

有一個經理人告訴我，他和他上司之間鐵定是雙向溝通，因為他們經常一起飲酒作樂。錯了！「社交關係」和「溝通的管理風格」之間有很大的差別。溝通的管理風格是對部屬「工作上」的關心與參與。工作以外彼此稱兄道弟也許有助於此，但兩者不應混為一談。

我就曾經認識一個人，他和他的上司每年都會一起到個偏遠之處釣魚一星期。但在釣魚時他們從來不討論工作上的事情——他們彼此都覺得工作已經是超乎聊天的範圍。因此，怪得很，他們的友誼並沒有帶來任何助力，他們的工作關係依舊十分疏離。

這讓我不禁要再談一個陳年老問題：到底上司和部屬之間的友誼對工作是否有助益？有一群經理人斬釘截鐵地告訴我，他們從來不打算和同事部屬發展出除了工作以外的關係。

事實上整件事有利有弊。如果部屬是你的好友，你們很容易便可以進展到溝通的管理風格，但如果情勢要回到「一個口令，一個動作」的結構化階段，可能就會發生問題。命令朋友做這做那並不是件很讓人愉快的事。我已經看過好些類似的例子：有的是兩人的友誼就此徹底告吹，也有的由於私交甚篤，所以部屬覺得上司其實仍是為他著想，而願意聽命行事。

每個人都得好好想想，到底什麼是專業風範，而自己是否做得到？最好的測試方法是假設你必須對你朋友的績效做很嚴苛的評估，如果你開始覺得胃不舒服甚至想吐，那麼你最好不要在辦公室裡交朋友。

但如果你依舊呼吸順暢沒有任何胸口鬱悶的症狀，那麼你在辦公室建立的友誼便較有可能增進你和部屬的工作關係。

13 再難也得做：績效評估

績效評估是個威力無比的手段，這也是為什麼不出意外地，大家對績效評估的感覺及意見強烈而分歧。

為什麼在大多數的組織中，績效評估都是管理系統的一部分？為什麼我們要評估部屬的績效？我問了一群經理人這兩道問題，並得到以下答案：

為了衡量部屬的工作
為了增進績效
為了激勵員工
為了對部屬提供回饋
決定加薪幅度

為了對績效提供獎勵
為了建立起紀律
為了提供工作方向
為了強固企業的文化價值

接下來，我問同一群人，想像他們是正在對部屬做績效評估的上司，然後問他們感覺如何。部分結果如下：

自豪
生氣
焦慮
不舒服
罪惡感
同情與關心
不好意思
挫折感

最後，我請他們回想當他們收到績效評估時的情形，並且列出他們覺得不對的地方。他們很快地給了我一大堆的答案：

評估中所提供的意見太含糊
訊息含糊，考績或是調薪不一致
沒有指示應該如何改進
避免負面的評價
上司並不了解我的工作內容
只看到最近的表現
太多的意想不到

看了以上這些，你應該能了解：**評估績效是一件非常複雜而且困難的事；而且身為經理人的我們經常沒把這件事辦好。**

經理人能給部屬的「工作相關回饋」（task relevant feedback）便是績效評估。這是我們評估部屬的表現，以及讓他們知道自己績效的方法。我們同時也需依此來決定對部屬的獎勵，不管是職務上的升遷、加薪、配股或是其他想得到的方式。績效評估將會影響部屬的表現好一陣子——可能正向也可能負面，因此績效評估便成為經理人最具高管理槓桿率的活動。簡言之，它是個威力無比的手段，這也是為什麼並不令人意外地，大家對績效評估的感覺及意見強烈而分歧。

然而，績效評估最基本的目的到底是什麼？雖然之前所列的答案都正確，但其中有一個答案的重要性遠勝於其他：為了增進部屬的績效。這個評估的內容通常用來做兩件事：第一，檢視部屬的技能水準，決定部屬缺少了哪些技能並且設法補足；第二則是加強激勵來源，好讓已具備適當技能的人能創造出更高的績效。

績效評估的過程同時也是一種最重要的組織領導形式。唯有在這個時候，經理人被強迫同時扮演法官以及陪審團的角色：雇用我們的公司要我們評斷部屬的表現，並且面對面地讓部屬知道結果。

上司的責任在此無疑非常重要。要有什麼樣的準備才能把這件事處理好？我唯一能想到的，便是設身處地站在部屬的位置來看此事。

但大致上來說，我們的社會價值總是尋求避免衝突，甚至連「爭議」這個詞兒都會讓很多人皺眉頭——我剛從匈牙利搬來美國後便察覺這件事實。在匈牙利，「爭議」這個詞兒經常用在當大家意見不同時。但當我開始學英文而用到這個詞兒的時候，常常會有人糾正我：

「那不是你的意思吧？你真正想說的應該是『辯論』或是『討論』。」

在朋友或是同事間，你應該避免討論政治、宗教或是其他容易引起歧見而造成衝突的話題。如眾所周知，足球、園藝，或是天氣這些無關痛癢的事情都是閒聊的好題材。大家受的教育都告訴我們，如果要當個有教養的人，就得避免任何情緒衝突。以上我所提的，都是為了闡明，以文化背景以及專業素養要做好績效評估實非易事。

千萬別以為只有大型企業或組織才需要做績效評估。任何機構都應該將績效評估列入管理實務的一環，無論是一個只有兩個助理的鄉下保險公司辦事處，或是教育機構、政府機關以及非營利事業，只要你在乎營運績效，績效評估便勢在必行。

績效評估大致可以分成兩部分：決定部屬的績效，以及告訴部屬績效。兩件事做來都不簡單，接下來就讓我們分別深入探討。

◆決定部屬的績效

要以絕對客觀的方法決定一個專業人員的績效實在非常困難，因為我們找不到一個好的方法來衡量一個專業人的工作。績效評估涵蓋的時間範圍通常無法完全反映這個職位所從事的活動。

但在我們評估一個人的績效時，必須考慮他從事的所有活動。如此一來我們便很難完全地客觀，因為唯有依產出來評估才能排除主觀因素。所有管理專業工作者的主管都像是在走鋼索。他必須做到客觀公正，但同時必須無畏於運用其己身的判斷力，雖然在定義上其實這已經是主觀。

要讓評估過程稍微簡單一點，主管應該事先便搞清楚他對部屬的期望，然後再依此來判斷部屬的績效是否合乎期望。評估最大的問題大部分是由於經理人並沒有列明對部屬的期望，而像我們早先提過，「如果我們不知道到底要的是什麼，最可能的結果是什麼也得不到。」

◆產出評估與流程評估

且讓我們回想之前「管理黑盒子」的概念。運用此概念，我們能將績效分為「產出評估」與「流程評估」。前者指的是黑盒子的產出，可能包含完成了多少設計、達成的銷售額，或是提高百分之多少的良品率等。這些都是我們能以圖表表示，且也應以圖表表示的產出。

「流程評估」則包括黑盒子中所有的活動。有些活動的產出可能在年度之內，但有些則可能是為未來鋪路。我們是不是為了達成目前的生產目標而累積員工造成他們日後的抱怨？我們對員工是否做到了適當的定位及生涯發展，好讓公司可以因應未來？

我們是否已經處理好能讓部門順利營運的瑣事?並沒有任何一個法則能決定產出評估或流程評估之間孰重孰輕。隨著情況不同,這兩者之間的比重可能是五十比五十、九十比十或是十比九十。而這個月的比重可能又和下個月不同。但至少應該了解我們是在哪兩個變數之間權衡。

◆遠程及近程績效

另一個我們必須考慮權衡的,則是遠程及近程的績效。一個工程師可能必須拼命趕一件產品設計的案子幫公司賺錢,但他可能同時也要想辦法改進設計的方法,好讓以後的設計師在接到此類案子時能更有效率。顯然地,在評估這個工程師的績效時,你必須同時考慮這兩件事。至於何者比較重要,我們則可以運用財務管理上的「現值」觀念:這件遠程的活動到底最後能幫我們賺進多少錢?然後再將此換算成現值。

◆產出與時間的因素

另外我們還得考慮時間因素。部屬在評估期間的產出可能和此期間從事的活動有緊密關係,但也可能只有一點關係或完全無關。因此,主管在評估時必須把產出和活動時間之間的關係弄清楚。我自己曾經深受教訓,所以在此我要詳細解釋。

在向我報告的諸多經理中，有一位經理的部門表現十分傑出。所有用來評估產出的項目都非常令人滿意：銷售額激增、淨利提升、生產的產品運作合乎客戶要求——你幾乎只能給這個經理最高的評比。但我仍有些疑慮：他的部門的人員流動率高出以往許多，而且我不時聽到他的部屬怨聲載道。雖然還有其他諸如此類的跡象，但當那些表上的數字都閃閃發光的時候，實在很難再在那些不太直接的項目上打轉。因此，這位經理當年拿到了極佳的評比。

隔年他的部門的業績急轉直下。銷售成長停滯、淨利率衰退、產品研發進度落後，而且部門中更加地動盪不安。當我在評估他此年的績效時，我努力想弄清楚他的部門到底出了什麼事。這個經理的績效真的這麼糟嗎？是不是有什麼狀況我尚未察覺？最後我得出結論：事實上這個經理的績效較前一年好，即使所有的產出衡量結果看來都糟得不得了。主要的問題是出在他前一年的績效並不是那麼好。因為他的部門產出指標反映的並不是當年的活動成果。這之間的時間差異差不多正好是一年。雖然很難堪，我還是要硬著頭皮承認我前一年所給他的評比完全不對。如果當初我相信流程評估反映的事實，我應該會給他較低的評比，而不會被那些產出數字所愚弄。

時間所造成的影響也有可能是另一種狀況。在我剛加入英特爾時，上司要我評估一個部屬的績效，這個部屬才剛負責成立了一個新廠。這個廠什麼東西都還沒開始生產，但績效評估也沒辦法等到有了產出之後才做。我在之前完全沒有評估這種沒有產出指標的經驗。最後，縱使這個廠的產出如何仍在未定之天，我還是給了這個人不錯的評比。身為經理人，諸如此類沒有資料但必須下判斷的情形其實層出不窮。

◆個人、部門兩者兼顧

最後，當你在評估一個經理人時，你應該只評估他個人的績效，或是將他所負責管理的部屬的績效也包含在內？答案是「兩者兼顧」。

因為你最終追求的是這整個部門或團體的產出，而這個經理的責任則在於設法增加附加價值。你必須弄明白他到底附加了哪些價值：他對所管轄的部屬做了哪些事？是不是任用了稱職的新人？他把新人或其他部屬訓練得如何？有沒有做其他有助於增進未來產出的事？在決定一個專業經理人的績效的時候，通常這個過程最為困難。

◆避免落入潛力陷阱

除此之外，你還必須避免落入「潛力」的陷阱。你必須不時提醒自己要評估的是績效而非部屬的潛力。我指的「潛力」是那些只有形式而沒有實質的事情。曾經有一回我被要求簽核一個事業部總經理的績效，他的上司給了他極佳的評比，但他的事業虧損連連，好幾個月的收入都沒有達到預期，加上負責的工程進度嚴重落後，總體上，不管是產出評估或是流程評估都表現不佳。因此我無法核准這項評比。

他的上司知道結果後跑來向我爭辯：「這個部屬是個非常傑出的經理人。他見多識廣而且足為部屬表率。這純粹是他的部門沒好好幹，不是他的問題！」他這些話對我而言完全不痛不癢，因為「一個經理人的評比絕對不能高過於他的部門表現」！我們要評估的是真正的表現而非表面，是實質的產出而非形式。如果我簽核了這個上司提出的評估，我無疑地是在向英特爾全體員工暗示要拿到好評比，你只要琢磨你的演技，「表演」得像個精明的經理人，而不用實際賣力在工作上。

◆晉升

晉升的決策通常也和績效評估有關，而且也本當如此。沒有其他事比決定誰被拔擢更能傳達這個經理人對組織的價值訊息。經由拔擢部屬，事實上我們是對組織中其他人樹立學習的楷模。雖然大家常說：「在你將超級業務員晉升為經理的同時，你失去了你的超級業務員，並且創造了一個爛經理。」但如果你仔細想想，又似乎只有這條路走——你總不會去晉升一個爛的業務員吧？讓最好的部屬升職，我們同時是向其他部屬傳達「績效」的重要性。

以上評估部屬績效過程已經夠難的了，但我還得設法增進他們的績效。無論部屬做得多好，我們應該總還能提出一些改進的建議，不應該覺得難以啟齒。雖然是「後見之明」，我們仍該將部屬「曾做的事」和「事後檢討出的改進之道」做比較，再將其中的差異做為未來改進的參考。

告知績效

在進行這個步驟時你必須將「三L原則」謹記在心：坦誠（level）、傾聽（listen）以及「忘了你自己」（leave yourself out）。

◆坦誠

你必須坦誠對待部屬。這個評估系統是否可信賴，全在於你是否能對部屬開誠布公。而且你也許會發現：**當面褒揚一位員工其實並不比臉不紅氣不喘地批評一位員工簡單**。

◆傾聽

「傾聽」在此則有其特殊的意義。溝通就是在追求將某甲腦子裡的東西傳輸到某乙的腦子裡。某甲的思維必須先轉化為語詞，然後在講話時經由聲波送到某乙的耳朵。經由耳朵裡神經的電波，訊息得以傳達到某乙的腦子裡並得以儲存。

在告訴部屬他的績效時，我們絕對不是將書面報告照本宣科地經由口頭再告訴他一次。文字語言只是溝通的媒介，我們真正的目的是要傳達我們的思想，讓對方徹底明白我們的意思。也許訊息本身非常容易了解，但某乙可能因為太過情緒化而弄擰了意思。也許談話過程中某乙一心只在構思答案，因而無法聽清楚某甲的每字每句；或者他可能變得非常自我防衛，根本不想了解甲在說些什麼……這些情況都很可能會發生，且在實務上也屢見不爽——尤其是某甲的訊息與某乙的想法衝突的時候。

因此，要怎麼樣你才能確保你不是在對牛彈琴？有沒有什麼秘訣可以傳授？讓部屬重述我們所說過的話是不是就可以了呢？我不以為然。你必須動用所有的感官。要確保他聽進你每字每句，你必須時時將視線放在他身上。

記住！你所要談的事情愈複雜，溝通的結果通常也愈差。仔細注意你的部屬對你的談話是否有適當的回應？他是不是已經開放他自己接受你的訊息？如果他的回應——不管是語氣或是肢體表情——無法說服你他已經了解你的意思，那麼你有責任一直和他共同解決，直到你的訊息成功輸送到他的腦子裡為止。

動用你所有的感官以確保部屬真正了解你的意思，便是我所指的「傾聽」。如果你做不到這一點，所有你在績效評估中注入的腦力以及誠信都是枉然。專注的傾聽是你最有力的武器。

每一個好老師都有一個相同的特點：他們知道學生到底懂不懂他在講什麼。如果學生不懂，他會再逐步解釋，或者換個角度舉個例子。

我們都曾經碰過只對著黑板自言自語的教授，而且他們常能很有技巧地躲避學生的眼光。原因是他們自己知道授課的方式很難了解，所以他們想盡辦法躲開學生迷惑的眼光。你自己在告訴部屬評估結果的時候，千萬不要學這種爛教授。動用全力專注傾聽，直到部屬了解意思方肯罷休。

◆忘了你自己

第三個L是「忘了你自己」。你必須了解績效評估攸關你的部屬，因此你必須擺開你的不安全感、焦慮以及罪惡感。你要處理的是部屬的問題而不是你自己，這是部屬「上法庭」的時候呢。就像演員上台之前會怯場，做績效評估的人在做評估及傳達評估結果前，通常也會有類似的焦慮。你必須學著控制自己的情緒，以免影響這項神聖的任務。即使你身經百戰，這種情緒不安的狀況似乎在所難免。

◆正反兩面俱陳

大部分的評估都屬於此類，報告內容通常包含正反兩面。不夠深入、陳腔濫調、記流水帳以及東扯西扯，則是這類評估中常見的問題。以上種種都會讓你的部屬搞不清楚狀況，因而也達不到績效評估最基本的目的——增進部屬未來的績效。我這裡倒有幾招可以幫助你處理這種形式的績效評估。

你必須了解，部屬就像大部分的人一樣，只有有限的空間能夠處理事實或者建議。如果你在他的績效評估中列出了七項事實，而他的空間只容許四件進入，你在談其他三項時很可能只是多費唇舌。更糟的是，如果讓他超載了，他到最後可能一件事都記不得。

每個人在一定時間內只能處理一定數量的訊息，特別是在處理他們自己績效的時候。績效評估的目的是用來增進部屬的績效，而非清除垃圾般把所有觀察到的事實都掃出來。因此，在這裡「多」並不就代表「好」。

要如何把焦點放在主要的項目上？首先你必須盡可能以各種角度評估部屬的績效。你應該大略看過他的進度達成率，每季的目標達成率以及你和他一對一會議的筆記。做完以上事情之後，找一張白紙，記下所有你覺得與評估他績效相關的事情。

先別急著在你的腦裡考慮哪些項目比較重要，你現在寫下的並不代表最後的定論。先儘量寫！此時也先別管排列事情的優先順序。當你寫到再也寫不出來的時候，你便可以把哪些輔助的文件擱到一邊去。

接下來你要做的是從這些項目中找出它們的關係。你也許會發現有些項目只是「同一個

優點	缺點
● 在流程規劃上大有進步	● 對產品規格的制定還見不到任何進度
● 對物料委員會提出的報告很有資訊價值	● 在社區議會中的辯論完全失焦
● 協助採購部門進行成本分析	● 產品規格制定訓練課程一開始就沒做好 ● 對~~電腦不是很懂~~ ● 沒有好好採納同~~事的意見（例~~如製造部門）
訊息	
1. 規劃系統成效良好（有很好的分析能力以及財務背景） 2. 目標設定不夠明確（只管做事但並沒有顧到結果） 3. ~~電腦能力需~~改進（這次先不管！我們把焦點先放在第二點）	

圖 23　每次評估都要有優先順序，釐清哪些是部屬須迫切了解的。

問題以不同面貌呈現」；也許你也能歸納出一些有關部屬弱點或是長處的指標。當你找出這些關係之後，它們便是你要傳達給部屬的「訊息」。

此時，你的這張草稿看來可能就像下頁的圖23。你可以開始做結論了，並且找出他曾經做的事來支持。一旦你列明了所有要傳達的訊息，你便該自問你的部屬是不是能全部記得住。如果答案是不，你就得刪除掉較不重要的項目。記住一點：就算你在這次評估中遺漏了一些項目，你在下一次還能彌補。

另外要注意的是「出乎意料之外」。如果你在這整年中盡到一個主管的責任，定期舉辦一對一會議，並

圖 24　專業人員績效評估報告

姓名：杜約翰
職稱：物料支援主任
評估期間：2/2005 至 8/2005
工作內容說明：
負責管理生產規劃流程與製造標準制定過程──包括維修及發展。

評估期間完成事項：
在這年中，生產規劃流程有顯著的改變。各部門之間的協調做得不錯，而管理活動也都能有效率地進行。

（**產出評估：良好**）

優點及需要改進之處：
約翰在二月卻調到物料支援部。當時生產製造流程碰到了一些難題，而約翰很快地便進入狀況，與前一任主管順利交接。
但在製造標準制定方面，約翰的表現就沒那麼好。
他雖然很努力但成效不佳。我想有兩個原因：

1. 約翰不太能清楚地訂定明確的目標。一個明顯的例子是他無法制定好目標及主要產出；另外一個例子則是他在三月間所做的製造標準系統評估時情緒化的結論。到現在我們還是不知道這個系統何去何從。一個人如果沒有明確的目標，很容易就會陷入「徒勞無功」的陷阱──這與接下來的第二點極有關聯。

（**流程評估：缺少活動和產出之間的關聯性**）

2. 我覺得約翰很容易誤以為開了會就是有進度。他應該在開會前多下點功夫，訂清楚會議目標。

（**陳述必須有實例證明**）

約翰之前的財務背景很顯然地在很多地方都能派上用場。最近的例子是他幫忙採購部門解決了一些財務上的問題──雖然並不是他份內的事。

（**讚美也得找實例支持！**）

接下頁

承上頁

約翰很希望能繼續晉升到下一個管理階層。這一次我並沒有擢升他的打算，但我相信他的能力終究會讓他升到他想要的位置。然而，在晉升之前，他必須證明他能處理複雜的案子——如之前的製造標準系統，而且重要的是必須要有結果。他必須要能清楚明確地分析問題，訂定目標，然後找出達成目標的方法。而這其中大部分都要靠他自己。雖然我會從旁協助，但主角還是他。當他能證明他能獨立作業之時，升職自會水到渠成。

告訴員工他該如何增進績效 →

總而言之，約翰對目前的工作還算能勝任。我當然也明白他剛從財務部門調到製造部門，自會碰上一些難處。我會繼續幫他忙——特別是在目標訂定以及尋找解決方法上。約翰在物料支援上的評比是「及格」——他當然還有很大的空間可以努力改進。

評比：□不及格
□ 及格
□ 表現良好
□ 表現優異

直接主管（簽名）：________ 日期：8/10/2005
總經理（簽名）：________ 日期：8/10/2005
矩陣主管（簽名）：________ 日期：8/10/2005
人事部門（簽名）：________ 日期：8/10/2005
員工（簽名）：________ 日期：8/10/2005

除直屬上司外，還得向上再呈報一級。另外也得呈報人事部門，讓他們處理薪資。

這是個雙重報告的例子物料經理委員會的主席也參與了此項評估。

員工簽名只表示他看了這份報告，但並不一定表示他完全同意。

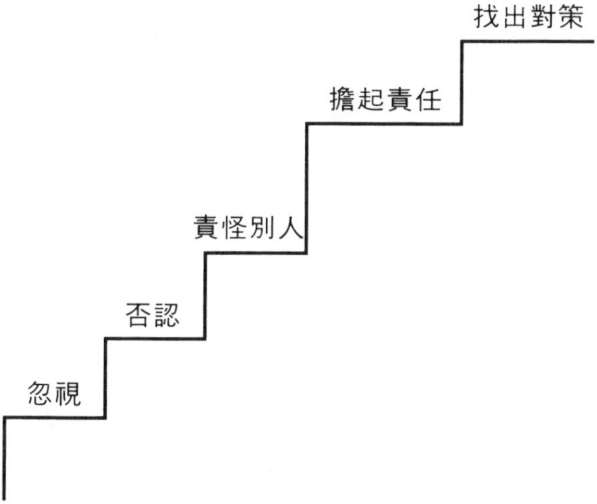

圖25 「解決問題」的各個階段裡都涉及非常多的情緒轉變。

適時對部屬提供需要的協助，在績效評估時應該沒有什麼事會是始料未及，對吧？錯了！

當你用那張白紙記下所有項目時，其中呈現的訊息有時候會把你自己都嚇到。所以你到底該怎麼做呢？你會面臨到底要不要傳送這項訊息的難題。但如果你明白績效評估的目的是在於增進部屬的表現，你應該毫不遲疑地告訴他。績效評估中當然最好沒什麼事出人意表，但如果真有，你應該「打落牙齒和血吞」地告訴你的部屬。在圖24中，你將會看到我所謂的「正反兩面俱陳」式績效評估。基本上它是由圖23發展出來。我在表中做了一些註解，希望能幫助你了解一些在這個章節中我提出的論點。

衝突性評估

只要稍微用心想想，你有時會發現手上最棘手的績效問題來自於某一個冥頑不靈的部屬——他除非能有什麼徹頭徹尾的大轉變，否則應該請他捲舖蓋走路。要處理這樣的問題，你和你的部屬很可能必須經歷所有解決問題必須歷經的階段，特別是要解決衝突（見圖25）。你會發現這樣的衝突在衝突性評估時鐵定會發生，雖然有時遲至評估之後。而這種衝突性的評估，事實上只是「以衝突的形式來解決績效問題」。

表現不佳的員工常常會忽視他自己的問題。因此，身為上司的你必須要找到證據來證明你不是信口開河。當你的部屬努力否認而非像之前全完忽略問題存在的時候，事情就算是有了一點進展。

當然，你的證據必須讓他俯首認罪。接下來便是第三階段，雖然他承認問題存在，但他會一再辯稱那並不是他的問題，並轉而怪罪別人。這是非常典型的防衛機制。運用這套防衛機制，他可以繼續逃避改進現況的責任。以上這三個步驟通常一個接著一個很快地發生。

如果問題真的出在他身上，而他死不承認誣賴他人，那麼問題將永遠無法解決。他必須踏出最重要的一步——擔負責任。他必須承認有問題，而且是他的問題。這一步對他而言無異是一大步，因為接踵而至的將是一大堆的工作。他可能會想：「如果問題出在我身上，那麼我必須處理；如果我必須處理，整個過程可能繁重又不愉快。」但一旦他成了一個「有擔當」的人之後，如何找到解決方案將會相對地較容易。因為從怪罪別人到擔負責任所涉及的是「心理上的障礙」，而由擔負責任到尋找解決方案則是「能力智識能解決」的問題。後者顯然簡單許多。

如何讓部屬由「忽視問題的存在」到「擔負責任」是經理人的責任，但雙方應該一起尋求解決問題的方法。主管應該隨時了解這件事情的進展。如果部屬還在「否認」或是怪罪他人，而上司已經急著要找方法解決問題，結果將一事無成。了解事情的進度，你才能確保你們在這些必要的階段上攜手並進。

衝突評估到最後的結果可能有三種：第一，部屬接受你的評估以及建議的解決方案，並且答應努力執行改進；第二，他可能完全不同意你的評估，但還是願意接受你的建議改進；第三，他既不同意你的評估也不願意改進。身為主管，你認為哪一種是可以接受的？

目的：部屬開始改善

我個人十分強烈地認為：只要部屬願意採取行動改進就可以接受。每個人在複雜的事情上很難有相同的意見。如果你的部屬答應改進，你必須相信他的誠心。在此的關鍵詞是「可以接受」——雖然你不是很滿意。你當然希望看到部屬心悅誠服地同意你的看法，但如果他不是完全同意，只要他願意採取改進行動，你就不該再在這個情況上傷腦筋。不要混淆了情緒問題和工作的需要。

為了完成任務，你最需要的是部屬願意採行你決定的行動方案，至於他同不同意與你抱持同樣的想法則是其次。期望別人凡事都依你所想其實並不是件好事，但在工作上我們主要追求的是績效，而並不是心理上舒不舒服。

我在第一次評估部屬的績效時學得了這兩者之間的差別。我非常努力地說服他同意我的看法，而他再怎麼樣就是「抵死不從」。最後，他告訴我：「老大，你就別再浪費唇舌了。我絕對不會同意你的看法，你何必費這個勁呢？反正我已經答應你我會照你的話做。」

我很不好意思地閉了嘴，雖然當時我並不明白為什麼不好意思。一直過了好久我才明白，我之所以覺得不好意思，是因為我追求的只是自己心理上的舒坦，和工作其實並沒有太大的關聯。

如果明擺著你的部屬就是無法超越「怪罪他人」的階段，這時你就必須使用你身為上司的權威告訴他：「我是你的主管，我要你這麼做！我知道你並不同意我的看法。也許你對也許我對。但我不想只是用位階壓你。為了整個公司，我要你照著我的指示去做。」之後，你還是必須盡力得到他對行動的承諾，並且隨時觀察他的績效如何。

最近我的部屬做了一份在我看來極為浮面又缺乏分析深度的績效評估報告。經過一些討論之後，他同意了我的看法，但他認為這沒什麼大不了的，實在沒有必要再花時間重做。再經過幾次深入對談之後，我們還是打不開死結。

最後，我倒吸了一口氣告訴他：「老弟，我知道你認為這不值得你多花時間，但我就是要你重做！」我又加了一些註解：「我想在我們之間有一個非常基本的差異——整個績效評估系統是否完整運作，對我的重要性顯然遠勝於對你。這便是我必須堅持的原因。」他回瞪我，過了半晌說他會重做。他覺得我實在不講理，並且覺得我用位階來壓他實在有夠低級。但他最後還是重做了，而且事實上做得很好。他的部屬因而得到了這份重做過、經過深思且極為詳盡的績效評估。因此，這個部屬到底同不同意我的看法其實影響不大，重要的是他願意著手去做。

評估明日巨星

我和其他大約二十位中階經理人努力地想建立起一些績效評估的準則。經過一些討論研究，我要求他們應用這些準則來分析自己曾經收到過的評估報告。結果雖非預期，但我從中學到許多。

這群經理人個個都是「成就導向型」，而且評比中得分都很高。這些評估報告都寫得非常地好，遠遠超過了英特爾的標準。然而，在內容上，它們多半只是回顧，分析這個部屬在前一年中做了些什麼。

即使績效評估最主要的目的在增進受評估人的績效，但在大部分的報告中都看不到一絲一毫改進的建議——甚至連如何維持現狀的建議都沒有。對這些「明日巨星」級的人，主管似乎只是努力地找出他們做得好的證據，而並沒有把心神放在如何增進他們的績效。但對於表現不佳的部屬，主管通常能寫出長篇大論並且鉅細靡遺地告訴他們如何改進，希望經由這樣的按部就班，這些表現不好的邊緣人也能至少達到所要求的最低標準。

我想我們是把優先順序完全弄反了！我們應該在這些明日巨星的身上多花些時間，因為畢竟公司的成功大部分是來自這些人的功勞。換個角度看，在這些人身上多花點心力會得到較高的管理槓桿率：如果他們能做得更好，對整個組織無疑會發生很大的影響。

不管是對明日巨星或是表現不佳的部屬，要批評他們其實是一樣困難。然而我們必須牢記在心：不管一個明星部屬表現得多好，總還是會有改進的餘地。即使對一個明日巨星，我們還是能運用「後見之明」來敦促他的進步。

其他細節

在評估你的部屬前，是不是先請他做一份自我評估呢？以下是我的看法。你對自我的評估無疑非常重要，但你真正想知道的是你的上司怎麼看你過去一年的表現。如果你做好了這份自我評估並且給了你的上司，而他只是改了架構，在電腦裡重新打過，給了你很好的評比然後交還給你，你會做何感想？大概會有一種被欺騙的感覺。

如果你的上司必須靠你告訴他你過去一年的成就，顯然他對你去年在幹些什麼不太關心。評估部屬的績效是正式領導活動的一環。如果主管讓這樣的事情脫了手，他們的領導能力便開始不值得信賴。

因此，主管必須以任何代價來保持其判斷的完整性。為維持評估過程的健全，主管無論如何都得自己做部屬的評估。

至於要你部屬評估你的績效是否可行？我認為這個方法倒不錯。但你必須讓你的部屬明白，你評估他們的績效是你的職責，而你的部屬對你的評估是「僅供參考」。重點是：他不是你的老闆，你才是他的老闆！而且不管在什麼狀況下，你和部屬在績效評估時都不應該假裝你們是在平等的位置上。

你應該在什麼時給你的部屬書面的評估報告？是討論之前、之後或是之中呢？三種我都試過，我們這就來討論其個別的優缺點。

如果你在討論之後才將書面報告給他，部屬在讀的時候可能會發現有些事情在討論時沒聽到，因而就此跟你討價還價。至於在討論之中給部屬書面報告效果如何？一個經理告訴我他這麼做，他要這個部屬先讀幾段，然後他們就著這個部分討論，就這麼逐步地做完評估。我很容易就發現這麼做的缺點：當部屬急著要知道結果如何時，主管怎麼能要他說停就停呢？另外一個經理告訴我他自己唸評估內容以控制討論進度。同樣地，部屬還是會急著想知道接下來是什麼，而無法專心聽你唸的內容。

除此之外，如果部屬在討論時才拿到書面評估，他根本沒機會深思報告內容；可能在討論完後才開始自言自語地抱怨：「剛才我應該對第一或第二點辯駁」。要讓會議成功，你應該讓部屬有足夠時間對評估內容做反應。

基於我的經驗，最好的方法是在面對面討論之前將書面評估交給你的部屬。他可以找時間先讀過並且消化吸收；然後再三讀過你所要傳達的訊息。當你們真正坐下來談的時候，不管是理性或情緒上他都會有較好的準備。

「準備績效評估並且告訴部屬」是經理人最艱難的工作之一。最好的學習方法是參考你過去曾收到過的評估報告。如果你夠幸運，你可以從上司給你的評估中找到好的績效評估傳統，藉此你可以維護公司評估系統的完整性。

然而，每個人都必須不斷地朝向「將評估做得更好」的目標邁進。每年我從部屬寫的績效評估中隨機選出一百篇左右仔細閱讀，批閱之後有些我要求重寫，有些則得到嘉勉。我將此當成一件大事，做到大家都聽得到看得見，因為我必須不厭其煩地向英特爾每個員工強調這個系統的重要性。

只要有一點點缺失，我們這些經理人都有愧於這項「工作相關回饋」的職守。

14 找人與留人

每一個經理人遲早都會碰到兩件任務：面試新進員工，以及設法讓一個萌生去意的優秀部屬繼續待在公司效命。

面試的目的可歸類如下：

一、找到一個具備能力及潛力的人。
二、讓他認識你並且了解這個公司。
三、決定此人的能力和這份工作是否相符。
四、想辦法把他弄進公司。

通常一個經理人必須花一到兩個小時面試，並且設法調查他之前的經歷及背景。

我們知道即使是評估一個朝夕相處的部屬績效都不是件容易的事，更遑論現在的狀況是要你在一、兩個小時之內評斷出這個人是否能在全新的工作環境中勝任愉快。

績效評估已經夠難，而面試則是難上加難！但我們必須認清這是經理人責無旁貸的任務，再難也得做。重要的是得先明白這件事具有很高的風險及失敗率。

另外一個評估應徵者能力及潛力的方法，則是藉由他過去公司的主管了解他以往工作的表現。但使用此法，通常你得和一個完全陌生的人對談。即使他毫無顧忌地談這位應徵者，如果你並不了解這家公司做生意的方式以及他們的企業文化，這樣的對談對你而言並沒有太大的價值。更糟的是有些關係人根本不會告訴你實情，即使員工已離職，他們還是不願扮黑臉。因此，就算你做了背景調查，你在面試時還是不容稍怠。

營造成功的互動

面試時應該留八成的時間讓應徵者開口講話，而且他所講的必須要是你在乎的話題。你要設法當一個積極的聆聽者以便掌握談話內容。隨時謹記在心：你只有大約一個小時來了解這個人。

有時當你提出一個問題，一個多嘴或是緊張的應徵者可能在你對他的答案已失去興趣時仍然滔滔不絕。大部分的人可能基於禮貌而耐心聆聽，但你應該打斷他。因為如果你不打斷，你便是在浪費你僅有的資產——面試的時間。你必須利用這段時間多了解這個人。所以一旦你覺得談話離題，趕快把它導回正軌。你可以向他道歉，然後說：「我想把主題轉到另一件事上面。」面試應該由你主控，如果你放棄權利，那麼你只能怪自己。

如果你能將面試的討論主題引導到你們兩人均熟悉的事情上，你將能從面試中得到最寶貴的資訊。面試者應該自我介紹，談他的經歷、做了些什麼、為什麼這麼做、如果有機會重來一次會如何改進等等。他應該以你能了解的方式來解釋，如此你才能評估它們的重要性。

簡言之，你必須確定他講的話對你們代表相同的意義。除了儘可能了解外，你還得把握以下兩個重點：

◆提出問題

有哪些是你在面試時應該提出的話題？以下是一群經理人認為面試時最好的問題：

一、描述你曾經負責而你的上司覺得很滿意的案子，特別是你直屬主管的上司也覺得滿意的那些案子。

二、你的弱點或短處為何？你如何改進？

三、告訴我為什麼我們公司應該錄用你？

四、在你目前的職務有沒有碰到哪些問題？你如何解決？如何預防這些問題再度產生？

五、為什麼你覺得對這項新工作能夠勝任？
六、你認為你重要的成就是什麼？為什麼？
七、你遭受過最嚴重的失敗或是挫折是什麼？你從中學到了什麼？
八、為什麼我們應該用一個有工程師背景的人來擔任行銷職位？（這個問題可隨招募內容而改變。）
九、你在大學時修過最重要的課（或是完成的最重要的案子）是什麼？為什麼？

◆收集資訊

由以上的問題你可以收集到的資訊大致可分為四類：
一、應徵者的職能智識如何，他對新工作技能了不了解。對一個應徵會計工作的人，他的職能是會計；稅法律師是稅法；精算師則是統計……依此類推。
二、評估應徵者在之前工作運用其職能的能力。簡單地說，我們不僅要知道他懂多少，還要知道他用得如何。
三、你想知道他「懂的」和「用的」之間的差異——亦即他的能力和績效之間的差異。
四、他在工作上的價值觀為何。

接下來我們便可將以上的問題分門別類：

【職能智識】

描述以往負責的案子

你的弱點或短處為何？

【運用職能的能力】

過往有那些成就？

遭受過什麼失敗或挫折？

【知與用之間的差異】

從以前的失敗中學過什麼教訓？

目前職務上碰到哪些問題？

【工作價值觀】

為什麼你覺得能勝任此項工作？

為什麼我們公司應該錄用你？

為什麼我們應該用有工程背景的人擔任行銷職務？

大學時修過最重要的課與專案計畫。

面試最終的目的是判斷應徵者能否勝任此一職位。這點和我們之前在績效評估時提到的原則——避免落入「潛力」的陷阱有極大的衝突。徵募新人時，你必須判斷這個人在未來能做的貢獻。

充滿風險

在大約一個小時的面試中，你必須遊走在此應徵者過去的工作環境和你現在的工作環境之中，然後以這個應徵者「自編自導」的過去工作表現，來預測他未來在你的公司的表現。這件管理工作明顯地充滿了風險，但不幸地又難以避免。

在面試中你經常不得不藉著應徵者的自我評估來評斷；但你也通常能藉由直接的問題得到直接的答案。例如你可以問：「你在這項工作上的職能如何？」應徵者最先可能會先倒吸一口氣，然後清清喉嚨不很肯定地說：「…………我想還不壞。」你在聽的時候通常便知道他的能力有多強。不要擔心問題太單刀直入——這樣的問題才容易得到直接的答案。就算不行，你也經常能經由應徵者回答時的語句或肢體語言等等，而有更深一層的了解。

◆假設性問題

問一些假設性問題也經常有助於了解應徵者。我曾經面試過一個人，他應徵英特爾一個成本會計的職務。他是哈佛的企管碩士，過去服務於餐飲服務業，對半導體這個產業幾乎完全不了解，而我對財務管理也是所知有限，因此我們很難針對這個工作所需要的職能詳談。

我決定逐步向他介紹半導體的製造流程。接下來我考他一個晶片成品的成本到底是多少——他可以提出任何問題以得到需要的輔助。於是他開始結合他在成本會計上的專業以及半導體產業的細節，最後算出了正確的答案。這個面試過程證明了他在解決成本會計上卓越的能力，現在他已是英特爾公司的一員。

◆讓應徵者發問

另外一個面試技巧則是讓應徵者發問。藉此你可以了解應徵者的職能以及工作價值觀。問他對你或這家公司、這項工作有沒有特別想知道的事情。他所提出的問題其實也就告訴了你他對這家公司了解多少，有什麼他想更深入知道，以及他對這次面試到底做了多少準備。

但就算你做到了這點，也仍然不能確保萬無一失。我就曾面試過一個應徵經理職位的人。他在面試之前已經把英特爾的公司年報記得滾瓜爛熟，甚至還準備了一些連我都回答不了的精闢問題。我因此對他印象十分深刻，之後也錄用了他。但不幸地，他在工作上表現極差。

就像我已經說過的：面試充滿了風險。

◆關係人

最後你可以和認識面試者的關係人談一談。和他們交談的時候，其實是希望他們提供的資訊和應徵者告訴你的相同。如果你本來就認識這個關係人，你所得到的資訊的可信度將會大幅提高。反之，你則得想辦法拉長電話上交談的時間，以建立起一些私人的關係。如果你能找出一些共有的經驗（例如校友）或是你們碰巧認識什麼人，他很可能更容易對你開誠布公。

在我的經驗中，如果談話是半小時，最後十分鐘的價值通常超出最初的十分鐘許多。感謝人際關係的威力！如果有可能，在你調查過關係人之後，你應該再約這位應徵者來談一談。因為你也許從關係人那裡又得到了一些重要資訊，這次的面談因此能夠更加深入。

◆不要一千零一招

你也許要問我到底有沒有什麼「訣竅」？我所聽過最絕頂的面試怪招是美國海軍核子潛艇的招募過程。很顯然地，負責這個案子的將軍親自面試每一個應徵者。他所用的怪招是讓面試的人坐一張斷了一隻腳的椅子。這個可憐的應徵者很容易便失去平衡跌了個狗吃屎，然後這位將軍便藉機觀察這個人處理窘境的能力。

但我個人認為面試應該光明正大點。切記，每一個應徵者都有可能成為你未來的部屬。如果第一印象不好，他可能不告訴你原因便拂袖而去。如果你碰巧錄用了這樣的人，你可能得花好大的功夫才能改變他最初的壞印象。所以，你應該盡可能呈現你自己與工作環境真正的面貌。

有沒有任何方法可以保證面試成功？好幾年前我面試了一個應徵英特爾高階職務的人。我在整個過程中非常地小心謹慎。最後我錄用了他，因為我覺得我對他的職能、過去表現以及工作價值觀都十分了解且滿意。但後來這個人的英特爾生涯從第一天起就是一場惡夢。

之後我變得更加謙遜而且小心，在錄用一個人之前，我一定仔細再看過面試時的筆記以及回憶和關係人的對談。時至今日，我還是搞不懂當初為什麼沒有看出那個人斗大的缺點。因此，我只能提供以下的忠告：無論你再如何小心謹慎，面試也無法保證些什麼，它唯一能做的只是增加你的運氣。

我不幹了！

愛將突然告訴我他決定辭職是我在當經理時最大的夢魘。我這裡所談的並不是「有錢好辦事」或是想藉跳槽升等的員工。

我所指的是非常敬業、但覺得沒有受到上司賞識的員工。公司和你都不想失去這樣的員

工。而且他這樣的決定也反映出你並未盡到責任——身為他的上司，你並未讓他的努力得到認同。

這種場景好像常常發生在你正急著要處理什麼事的時候——也許你正要趕赴一場非常重要的會議，你的這位愛將突然有點遲疑地擋駕，有氣無力地問你有沒有時間，然後再小聲地告訴你他已經決定要離職。你可能一時大眼圓睜——在此，你對他這項宣告的最初反應非常非常的重要。

如果你是個普通人，你很可能只想趕快逃離現場趕去開會，然後咕噥地要他等你有時間再談。但大部分這樣的例子中，員工會離職已經是因為覺得自己不受重視；如果你再不能在他初發警訊時妥善處理，你無疑是加深了他的既定印象，離職的慘劇恐怕在所難免。

留才大作戰

所以，你應該馬上放下手上的事情。請他到辦公室坐下來談，問他為什麼要辭職。讓他暢所欲言，千萬不要和他起任何爭辯。相信我，你的愛將已經在不只一個失眠的夜裡將這套詞兒排練過千百遍。等到他講完所有他要離職的理由（沒有一個會是好理由），再多問他一些問題。先讓他說個夠，因為當他講完了事先準備好的那一套，真正的理由也許才會顯現。

千萬不要爭辯、不要說教也不要動氣。記住一點，這只是開幕的小突擊，真正的大戰還沒開始。決勝的關鍵並非在此，但如果你不小心處理，你可能兵敗如山倒！你必須藉著你的所作所為讓他知道他對你的重要性，且你必須找出真正困擾他的理由。

不要想在這個當口改變他的想法，你該做的是爭取時間。在他吐完了苦水之後，問他能否給你一些時間想想——利用這些時間，你必須武裝自己面對下一回合，並且做到你在第一回合時承諾的事項。

你該如何展開下一步？因為你碰到了大難題，所以你便趕緊也跑到你的上司那裡向他求援。他無疑地也正忙著趕去開一場重要的會議。就像你一樣，他也開始打起拖延戰，並不是他不關心，而是因為事情對他的影響顯然比對你的影響小多了。畢竟要辭職的是你的部屬！要如何讓你的上司同樣關心這個問題，並且協助你找出解決的方案則全在於你。

能不能將企業視為一個個體，擺脫本位主義，對接下來的處理步驟至關重要。你的部屬是個極具價值的員工，不只是對你的部門，而且是對於全公司。因此，你必須想盡辦法、絞盡腦汁將他留在公司裡，即使你必須把他調到其他部門，你也要這樣做。

如果你真的必須將他調走，你就得負責這整個流程直至塵埃落定。你也許會問，既然自己的部門留不住他，何必還得費這個神？但這裡有一個重要的原則：你欠你的公司一份情，因此得幫公司留住人才。除此之外，這種情況其實很可能是良性循環，你今天留住一個人才，雖然他可能被調到別的部門，但難保改天別的部門的將才也會轉來替你效勞。

長遠看來，如果每個主管都能擺開本位主義盡力留住人才，大家都會有好處。至此，你可能已經準備好對策和你的部屬展開下一回合對談。

他會真正攤牌說出他要離職的真正理由，而你則想好怎麼做會對整個公司有利。到這個時候他應該已經知道他在你心目中的地位，但他可能也會問你為什麼不早點提這個新職位。接下來他可能會說，你都是因為被逼得沒辦法了才這麼做，他不想被你看成是那種「吵了就有糖果吃」的人。

怎麼安撫他仍舊是你的責任。你可以說：「我們並不是被你逼得沒辦法了才這麼做，這本來就是我們該做的事。你的辭呈讓我們驚覺到我們以前的錯誤。但即使你不提辭呈，我們也應該這麼做。」

你的愛將可能還不罷休，他已經找到另外一份工作而且很難辭退。你必須再耐心幫他「辭掉」這份未來的工作。告訴他，他這樣做其實關乎兩種承諾：第一個是對這個他了解不深的新公司；第二個則是對你這個現任上司。而對現在的公司及目前朝夕相處同事的承諾應該遠勝於一個剛在面試中見過幾次面的未來主管。

就像我說過的，這整件事不管對部屬或是主管都不是件簡單的事情。但你無論如何一定要放手努力，因為這攸關到公司整體的利益。這個事件其實已不光是要留住一個人才。這個部屬之所以有價值及其重要性，全是由於他的作為。別的員工都尊重他的能力，且像他同樣有能力的人也將視他為模範。

因此，你如何處理這位愛將的辭呈，事實上牽涉到的不只是這個人，而且包括了其他部屬的士氣以及你這個經理人對公司的承諾。

15 報酬的誘惑

經理人必須負責績效與「論功行賞」，並且要做到「公平、公正、公開」。報酬薪給要能明顯地反映績效。

金錢在馬斯洛的所有激勵層級中都扮演相當重要的角色。前面已經提過，人需要用錢來買食物、付房租以及繳保險費，這些都是基本生理與安全保障需求的一部分。但當這個人的需求層級向上提升之後，金錢便不再只是衣食溫飽，而轉變成衡量一個人在競爭環境中到底有多少價值的標準。

前面我曾經舉例說明金錢對一個人的影響與其心理需求有關。如果調薪的絕對值很重要，那麼他工作的動力可能還是來自基本生理與安全保障的需求；但如果重要的是調薪的相對值，那麼這個人的激勵來源便很可能是來自於自我實現，因為金錢在此只是衡量的工具，而非必需品。

薪資報酬對較高層級的人而言，儘管數字逐漸增加，但它所代表的物質價值會愈來愈少。在我的經驗中，中階經理人拿到的報酬通常已經足夠讓他們不用太擔心「錢」夠不夠用，但還不足以讓他們完全不用擔心。

當然，每個經理人的需求可能還是會有很大的差異；另一半是不是在工作以及小孩有幾個等等都造成不同的情況。身為上司，你必須對部屬不同的金錢需求非常敏感，讓他們知道你感同身受。你尤其要特別小心不要把自己的狀況投射到他人身上。

回饋的多種考量

經理人最關心的是如何提升部屬的績效。因此，我們希望能藉著金錢的分配做為「工作相關回饋」的一部分，激勵部屬有更好的表現。要做到這點，報酬薪給要能明顯地反映績效；但我們也已經知道，明確地評估績效並不是一件簡單的事。因為中階經理人並非按件計酬，所以我們也找不到一個簡單的產出標準來衡量他的工作；更因為中階經理人的績效和他所領導的部門績效攸關，使得直接依中階經理人的績效來決定其報酬變得十分困難。

但我們還是可以找到折衷的辦法。我們可以中階經理人的績效來決定其部分薪資，我們稱此部分薪資為「績效獎金」，這個獎金在經理人全部報酬中的百分比應隨著報酬的增加而增加。因此，一個對金錢的「絕對值」不大有感覺的高階經理人來說，他的績效獎金可能占了全部報酬的百分之五十；而中階經理人則大約是在百分之十到二十五之間。即使在中階經理人的階段，金錢上的波動仍可能會對個人生活造成很大影響，但用此方法，我們至少能讓每個人都嘗到一點「工作相關回饋」的滋味。

要設計好績效獎金的制度，我們必須要顧慮各種不同的事項。首先，考慮績效的類別是個人績效或是團隊績效。如果是團隊績效，則必須弄清楚這個團隊的組成：它可能是專案小組、一個部門，甚至或是整個公司。

我們同時必須考慮績效獎金涵蓋的時間範圍。之前提過，工作的成效經常並非立竿見影，而且通常要隔好長一段時間才看得到效果，但績效獎金的發放必須在時間上盡量接近工作完成之時，如此員工才會記得他們為何受到獎勵。接下來，我們必須決定獎勵的基礎：是只著重在數字上（例如財務報表上的營業額）？或是一些可衡量的目標？或是像選美大賽一樣又將目標分成好幾個子項目來衡量？最後，當然，我們必須注意這個獎勵制度會不會太過於揮霍公司財源而導致有破產之虞。

如果你將以上的因素都列入考慮，很可能會面臨一些棘手的問題。舉個例子，你建立的制度可能是以三個因素來決定一個經理人的績效獎金。第一個因素是他個人的績效，我們可由其上司所給的績效評估報告得到資料。第二個因素則可能是他直接管理的部屬（或許是他的部門）的績效；第三個則是整個公司的財務表現。當你把一個經理人全部報酬中的百分之二十分成以上三個部分，雖然每一個部分相對於他全部的報酬都只占一小部分，沒有太大影響，但部屬們還是會留意到它們的存在。

無論你如何努力，也沒有一個獎勵制度能完全做到你所想的，但至少能反映出績效的重要性，並給予員工工作相關的回饋。

同時我們也可將焦點轉到底薪制度上。底薪制度可以分成兩個極端：一種是完全看年資，另一種則完全看工作表現。在「看年資」的制度下，員工的底薪隨著他在一個職位上所待的時間而增加。但正如我們在下頁圖26A中所見，每一個工作所能有的最大價值都是一定的，不管一個人在這份工作上待了多久，最後他總會達到薪資的上限。而在「看表現」的制度下，薪水的多寡和待多久則完全沒有關聯，它傳達給員工的訊息是：「我不管你是大學剛畢業或是已經在公司待了二十年，只要你對公司有貢獻，就是好員工！」

但同樣地，即使在這種制度中，每份工作的價值仍然有其極限。社會規範有時能迫使我們做成一些不實的報酬實務。例如，即使我們都了解每份工作的價值有其極限，而薪水到了頂點就不該再調升，但因為所謂的「例行性調薪」，我們有時會讓一個員工拿的薪水高過他工作的價值。

很多公司的底薪只看年資。在大型的日本企業中，前十年通常只看資歷不看表現——而

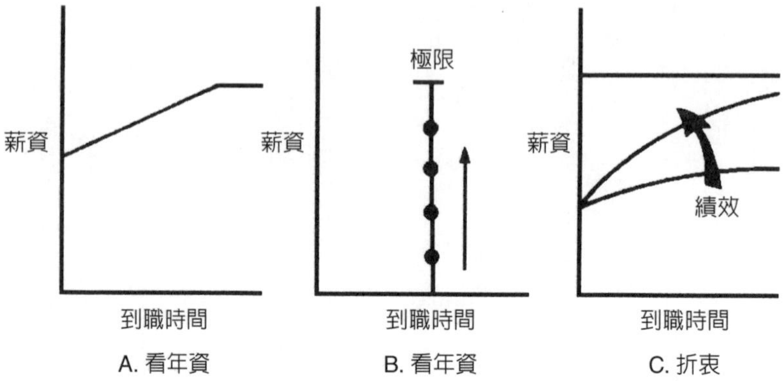

圖 26　底薪制度有兩種極端，而大部分公司採行折衷方式。

這十年通常也是一個專業人最具生產力的時候。同樣地，工會及大部分政府機關的工作也是只看年資。且不論如此的做法公平與否，經理階層傳送的訊息是「表現得好或壞沒有太大關係」。在很多學校的系統中，只要年資相同，一個好老師和一個爛老師拿的薪水沒有兩樣。教師評鑑的結果和他的所得並不相干。這不禁讓我聯想到學校裡及格與不及格的制度其來有自——得個六十分和一百分沒太大差別，大家都可以升級。

但如果只看表現同樣不切實際。如果你要給一個合理的薪水，幾乎不可能不看一個人的年資。因此，大部分公司所採行的制度都是在這兩種極端之間找一個折衷方法。在圖26C中，你可以看到兩條曲線以及其中沒畫出來的其他曲線。這些曲線大致上代表了年資與表現並重的制度，如你在圖中看到，雖然大家的起薪相同，但依著每個人不同的表現，他們的薪資也以不同的速度調升並且有不同的結果。

在這三種制度之中，只看年資無疑地是最容易管理的。如果你的部屬對他的調薪幅度有疑問或是不滿意，你只要翻開人事部給你的薪資手冊，告訴他：「某項某條寫得很明白，你在這個工作待了三年，調薪幅度就是這個數字。」當經理人採行了看表現或折衷的制度時，他同時是在進行有限資源（公司人事預算）的分配，而這事非常地費勁又傷腦筋。如果真要採行後兩種制度的其中之一，經理人便會碰到一個常常令他們困擾萬分的難題——他們必須在部屬中分出良窳、比出高下。

除非我們能在部屬之間比出雞首牛後，看表現或是折衷薪資制度才能夠運作。我們在運動競賽中很容易便能接受排名有先後，即便是最後一名的人都會說總要有人殿後。但不幸地，在工作上的排名通常遭人指控，很難讓人接受也很難管理。但如果我們想利用薪資來鼓勵部屬的表現，排名絕對是必要的。

升遷

升遷是個人工作實質的改變，對每個組織的健全運作都非常重要，因此需要很小心地處理。

明顯地，對個人而言，升遷經常也代表著大幅度的調薪。**某個人的升遷其實也看在其他人眼裡，因此這是組織向員工溝通其價值系統的一個很重要的方式。**升遷與否必須基於個體

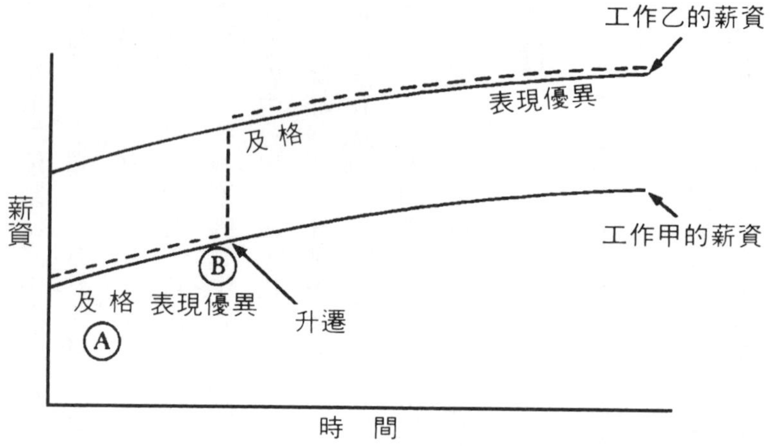

圖 27 經理人能藉著訓練或激勵來促進部屬的績效

的績效，因為唯有如此，大家才會將焦點放在績效上，並且努力地維持績效。

當我們在看升遷這件事的同時，我們必須探討「彼得原理」（Peter's Principle）：當一個人做好他的工作，他受到上司提拔，一直往上爬直到他無法勝任，他便停在那個位置上。如同其他有名的警語一般，這個原理也反映出了「論功行賞」系統中的一些事實。

圖27代表某個人的升遷狀況。在起點A上，工作甲對這個人非常具有挑戰性，所以他的表現只是差強人意。套個績效評估常見的詞兒便是「及格」而已。

但隨著時移物往，他所受的訓練漸增、工作的動力也增強，工作的績效也超出一般水準，依評估的術語便是「表現優異」。這個時候我們開始考慮這個人該升遷，而且也真把他升職。一開始他又是只能達到「及格」的標準，但隨著資歷漸豐，他在這個工作上又慢慢有優異的表現，很可能又會受到上司提拔並且不斷重覆這樣的循環。

因此，一個成就導向的人在整個生涯中將不斷地在「及格」及「表現優異」這二種評比之間游走，直到有一天他停在「及格」的層級上再也無法突破。這或許是對「彼得原理」較好的解釋。

你也許要問我，對此有沒有其他的替代方案，我的答案是「沒有」。如果一個人的表現到了B點，而我們不讓他處理更多的工作，接受更大的挑戰，即使在工作甲上他是「表現優異」，事實上我們還是沒有完全地運用公司的人力資源。長此下去，他會開始萎縮，而他的績效會回到「及格」邊緣並且就停在那裡。

因此，你會發現「及格」有兩種：一種是當部屬不再受激勵去做更多事情或接受更大挑戰。這種人已不再具備競爭能力，他所想的只是在現職上安養天年。而另一種「及格」的人則競爭力十足。當他在一份工作上「表現優異」時，他成為一個更高職等的候選人。而如果他真的被拔擢，他很可能一開始又只是表現平平。這就是彼得博士所談的那種人。

但我們除了拔擢一個人直到他無法勝任之外，實在沒有其他的選擇。因為藉此至少我們能驅策員工朝更好的績效努力；而且雖然他們可能有一半的時間都只是表現平平，但他們可是在更艱難的工作上表現平平！

別怕再回收

有些時候一個人可能被晉升到超出他能力太多的職位，因此有很長的時間他都達不到及格邊緣。當這種情況發生時，解決方法是將他「再回收」：把他放回之前表現優異的工作上。

很不幸地，在我們的社會中很難這麼做。人們傾向於將此視為個人的失敗。但事實上，真正出了錯的是管理階層，因為他們誤判了這個人接受更大挑戰的能力。通常在這種狀況下，這個人都是被迫離開公司而非降級。

而主管們用來「合理化」的說詞則是：「這全是為了他好！」我認為在這種狀況下逼員工離職簡直是錯得有夠離譜。相反地，我認為管理階層應該勇於認錯，並且設法將他放回他能夠勝任的職位上。他很可能會覺得難為情，但主管要盡全力支持他。

如果「再回收」做得光明正大，大家都會很驚訝地發現「難為情」的階段稍縱即逝，而結果又是十分圓滿，因為我們從過去的經驗中已經知道他能把工作做得很好。在我的經驗裡，這樣的人一旦重建了他們的信心，之後又會成為炙手可熱的「晉升候選人」——而且大部分的人在第二次都會成功。

總結來說，經理人必須負責績效評估與「論功行賞」，並且要做到「公平、公正、公開」。如果真能做到，對整個組織績效的提升將大有助益。

16 別等火燒眉毛才訓練

沒有受到良好訓練的員工就算再怎麼努力，結果仍然會淪於缺乏效率、成本增加、客戶不滿，有時甚至還會使公司陷入危機。

前不久我和妻子決定上館子共進晚餐。在電話裡負責接受訂位的小姐似乎搞不清楚狀況，最後她向我們坦白她才來不久，有些事還不是很了解。

但不管怎樣，她還是幫我們訂了位。當我們晚上到了餐廳時才發現，這家餐廳不久前才被吊銷了賣酒的牌照，客人如果要喝酒得自己帶。餐廳經理很不好意思地搓著雙手向我們道歉，並問道：「你們在電話訂位時沒人告訴你們嗎？」

整個晚上佳餚無美酒相伴，但我同時也注意到這位經理幾乎是向每一桌他帶位的客人道歉。雖然我不確定真正的情況如何，但我想大概沒人教這位接受訂位的小姐必須告訴客人要自己帶酒。就因為這樣，這個餐廳經理必須很笨拙地逐桌一一向客人賠不是，而客人也只能望杯興歎。

員工訓練沒做好的下場很可能還比以上的例子更慘。以下是發生在英特爾的真實故事。在我們的晶圓廠中，有一個很精密的機器叫「離子植入器」，曾有一度這個機器稍微失調。那時負責操作它的人就像前面餐廳的訂位小姐一樣是個新手。

要命的是那位新操作員在接受基本訓練時，並沒有人教他如何辨識機器是不是失調。所以當失調狀況產生後，他還是讓機器繼續運作，近乎一天產量的半成品因此全毀；到發現狀況嘗試補救時，損失已經高達一百萬美元。這個損失量必須花大約兩星期才能彌補，不少客戶交貨時間被迫延遲，又更加深了問題的嚴重性。

像這種狀況事實上在上班族的生活中層出不窮。沒有受到良好訓練的員工就算再怎麼努力，造成的結果仍然是沒有效率、成本增加、客戶不滿，有時甚至還會使公司陷入危機。而經理人常常在問題已經產生了之後，才意識到訓練的重要性。

誰該負責？

對日夜操勞工作，行程表排得滿滿的經理人而言，問題可能出在誰應該負責訓練課程。大部分經理人可能覺得這個責任應該交給別人——也許是一些企管顧問公司的訓練專家。但我的看法則大相逕庭；我堅決地認為經理人應該扛起訓練員工的責任。有幾個鐵證如山的原因如下：

◆部門產出即經理人產出

經理人的產出為何？在我看來，經理人的產出便是他所負責的部門的產出——一點不多一點不少。因此經理人個人的產出即是看他如何提升他的部門部屬的工作效率。

通常有兩種方法可以提升部屬績效：第一種是增進他們工作的動力，使他們盡力把工作做好；第二種則是增進部屬的工作能力——這便是訓練課程展現其神效之處。大部分的經理人都相信激勵部屬是他們的責任，不應假手他人；為什麼對同樣能夠增進員工績效的訓練課程就不願意花時間呢？

很明顯地，訓練員工具有極高的管理槓桿率。舉個例子，如果你必須為你的部門上四堂課，假設每堂一小時的課你要花三個小時準備，你花在這次訓練上的總時數是十六小時。你的部門如果有十個人，隔年他們在公司的工作時數將大約在二萬小時左右。如果你的訓練能提升部屬績效一個百分點，對公司而言便是多了二百個小時——而這只是你花了十六個小時的結果。

當然，這些假設都是在訓練課程能正確教導部屬將工作做得更好的前提之下才成立。但在實務上並不一定如此——尤其企管顧問公司提供的「罐頭課程」更是效果有好有壞。要把訓練課程辦得有效，訓練課程的內容一定要和組織中的行事方式緊連密合。

不久前，我們請了幾個企管顧問公司的人到英特爾上生涯發展的課。他們的課程安排非常結構化而且學術性——最重要的是和我們公司實際的行事方式很不相同。這些顧問老師所建議的生涯規劃包括縝密的工作輪調，但在英特爾的傳統則一向像是自由經濟體制：哪一個部門如果有缺，員工都可以在布告欄或其他公開管道得知，然後再依個人的需要或本事去應徵。因為訓練課程的內容和公司實務間的差異，這些受訓員工的士氣有一陣子不太對勁。

要把訓練辦得有成效，還得注意其持續性。課程的安排應該有系統有計畫，而不是有了問題火燒眉毛了才趕快開課。換句話說，訓練應該是一直在進行，而非只針對單一事件。

如果你認同訓練和激勵同樣是增進部屬績效的方法，那麼訓練內容就必須和公司實務契合、訓練應該系統化地持續進行，這一來誰該負責訓練課程就很清楚了——就是你這個身為上司的人。你不但應該訓練直屬部屬，而且也許還得負責之下幾個層級；包括在你之下的主管們也應該依此模式訓練他們的部屬。

◆員工楷模

以上還不是你該親自訓練部屬的唯一理由。訓練必須由足為員工楷模的人來擔任，外面找來的人即便對課程內容多麼熟悉，講課多麼精彩，還是無法擔任這個角色。站在學員前的人必須有其可信度及權威性。

在英特爾，從上到下、從第一線的領班到公司總裁都相信訓練是有價值的活動。我們的員工大約有百分之二到百分之四的時間都花在課堂上，而絕大多數的講師都是公司內的經理階層。

我們有一本課程簡介，列出了超過五十種不同的課。課程涵蓋了最基礎的電話禮儀，以及相當複雜的生產製造課程——像是「如何操作離子植入器」，要學到正確地操作此機器，大約需要兩百小時的在職訓練，比拿到飛行執照的時間還要長五倍！

而我們對經理人的訓練則包括策略規劃以及「建設性衝突的藝術」——這是在英特爾常用的解決問題的方法。我自己負責的訓練課程則包括了「如何進行績效評估並告知員工」、「如何讓會議有效率」，以及一場三小時的公司簡介。在簡介中，我闡述公司的歷史沿革、目標、組織架構以及管理實務。在過去幾年中，公司裡大部分經理人都上過我的「公司簡介」。有時我也臨危受命幫別人上其他管理方面的課程。（很遺憾地，面對日新月異的科技課程，我已經「老大不中用」了。）

在英特爾我們將訓練分為二類：第一類是教公司新進員工工作上需要的知識技能；第二類則是對現有的員工傳授新的觀念、準則及技術。

釐清「新進員工訓練」或是「新近技術訓練」間的差別非常重要，因為這兩種任務的規模大不相同。「新進員工訓練」任務的規模是由新進員工的數目來決定。如果一個部門的員工流動率是百分之十，而其年度人員成長率也是百分之十，這個主管每年就必須訓練部門中百分之二十的員工，任務艱鉅可想而知。

而對整個部門傳授新觀念或新技能則更為勞師動眾。如果你在這一年內要訓練好每一個部屬，這個任務比之前只訓練新進員工大上五倍。最近我才剛看過一篇「中階經理訓練課程一日成本」報告。光是這些學員的時間價值就已經上百萬。可見，這種課程不能草率言之。

輕重緩急

如果你已經成了訓練的擁護者，下一步該怎麼做呢？首先，先列出你覺得部屬或你的部門需要受訓的事項。

此時先不要劃地自限，這些項目應該從很簡單的（如訓練餐廳的訂位小姐）到較高階且抽象的部門目標或價值系統（甚或是工廠的或是整個公司的）。不妨也問問你的部屬他們需要學些什麼，他們的答案很可能會讓你驚覺到你從來沒發現這些都是他們工作所需。

在你做完以上的功課之後，你便應該開始找講師以及輔助教材，然後在這些課程裡決定其優先順序。

特別是如果你以前從來沒設計過訓練課程，一開始野心千萬別太大。先為最緊要的項目設計短期（三到四堂課）課程。**你將會發現一些你已熟練多年連做夢時都能做的技能，解釋起來要比實際操作困難得多。**你也會發現當你在嘗試解釋事情的時候，你會不知不覺地找了愈來愈多的背景細節幫助你解釋，一直到後來可能連原來課程的主題都模糊了。

為了避免在準備課程上花太多時間，你必須先列下時程表，設定必須完成的截止時間，然後依此全力以赴。建立好上第一堂課的課程綱要，然後你便可以上陣了！

在上了第一堂課之後再開始設計第二堂課，把第一堂課當成犧牲打——這堂課絕對不會多成功。因為不管你多麼努力地試，第一堂課總還是在學樣的階段。千萬別為了第一堂課太懊喪，你應該接受第一堂課的失敗是絕對難免的，並將其視為改進之後課程的墊腳石。但為了確保第一堂課不會造成任何不良的結果，你可以找部屬中較具經驗及技能的人當天竺鼠；這些人比較不會被你搞迷糊，並且還能經由課堂上的互動及課後的檢討幫你將課程設計得更完美。

在你即將上第二堂課之前，再問你自己最後一個問題：你是不是能獨力訓練全組織裡的人？是不是只開一、兩堂課就能容納所有人，還是必須開十幾二十堂？如果你的公司規模很大，而同樣的課必須要開好幾堂時，你不妨運用你前面的幾堂課訓練幾個講師替你代勞。

在你上完每一堂課之後，請上課的學員對課程提出匿名批評。評鑑表上除了數字性的評比之外，還應該包括一些開放式的問題。你應當仔細閱讀與思考學員的評量回答，但你也當明白要取悅每一個人絕無可能。

常見的回饋包括課程內容太詳細、太空泛或是恰到好處，而其所占比例也大約相同。評鑑最主要的目的應該是讓你覺得你已達成要訓練的目標。

如果你是第一次開訓練課程，你將會發現以下一些有趣的事：

一、負責訓練課程是件艱鉅的任務。準備授課內容並且處理學員在課堂上提出的各式各樣問題絕非易事。即使你對你的工作已十分嫻熟，對你做過的職位也瞭若指掌，仍會驚訝於竟有這麼多你不知道的事。這是常見的狀況，千萬別沮喪！要教別人所需要的知識遠超過於只是動手執行。如果你不相信，你只要試著在電話上教一個人開自排車，你就知道我所言不虛。

二、你猜誰會在訓練課程中收穫最多？你自己。在發展課程過程中所需要的明確解釋能幫助你更了解自己的工作。光這件事就幾乎已經值回票價。

三、你將會發現當訓練課程進行順利時那種歡欣鼓舞的感覺；但這種感覺再好，還是比不過當你看到部屬運用你所教的技能在工作上時，那種溫暖的觸動回饋。好好享受這些感覺和觸動，它們將會幫助你勇於面對下一次訓練課程的挑戰。

期末考

最後的叮嚀

還有一件事。各位讀書付了錢買這本書，並且可能花了八個小時閱讀。我想請你做一些功課，雖然這樣一來這本書可能有降格成「如何減肥」同類書的風險。你不用全部做，只要挑你喜歡的項目，但是做的時候一定要誠誠實實。

感謝大家對我的信賴，買了這本書而且讀到這裡。

我在此做最後的叮嚀：如果你能從下頁開始的各項檢驗中拿到一百分以上，以這本書的標準，你便算是個傑出的經理人了。

生產

- ◆將你工作的作業項目試著劃分出製造流程、組裝及測試三個等級。【一〇分】
- ◆針對你手上進行的方案，訂出限制步驟，並依此設計你的工作流程。【一〇分】
- ◆找出你工作中最適合進行驗貨、線上檢驗與最終檢驗的地方。決定這些檢驗應該採行「海關」或是「監視器」的方式。然後考慮在什麼時機下，你可以升格至「隨機檢驗」。【一〇分】
- ◆找出至少六項以上的新產出指標。這些指標應該要能衡量產出的質與量。【一〇分】
- ◆將這些新的指標變成工作上的例行事項，並在部門會議中定期檢視。【二〇分】
- ◆你現在正尋找的最重要策略（行動計畫）為何？描述你面臨的的環境需求以及計畫進

度。如果能計畫成功地執行，是否能將你或你的公司帶到理想中的境界？【二〇分】

槓桿率

◆簡單化你最繁瑣、最耗時的工作。至少讓原有的步驟減少百分之三十。【一〇分】

◆找出什麼是你的產出？你所管理的部門及影響力所及的部門的產出元素為何？按重要順序排列。【一〇分】

◆實際在公司走動。之後，列出這次「出巡」中和你有關的事項。【一〇分】

◆編造一些藉口讓你一個月可以在公司走動一次。【一〇分】

◆描述下一次你授權給部屬時會如何督導。你將以什麼為標準？怎麼做？頻率為何？【一〇分】

◆列出你可以利用片段時間進行的案子。【一〇分】

◆列出和每一個部屬「一對一會議」的時間表。（在會議之前向他們解釋會議的用意，並要求他們做準備。）【二〇分】

◆找出你上星期的行事曆，將進行過的活動分為高、中、低槓桿率三類。設法多做一些高槓桿率的活動。（有哪些活動該減少或刪除？）【一〇分】

◆預測下周有哪些事要瓜分你的時間。有多少時間要花在開會上？其中有多少是過程導向會議？多少是任務導向會議？如果後者占去的時間超過百分之二十五，你該如何設法刪減？【一〇分】

◆列出你的組織在未來三個月最重要的三個目標，並沿途驗收成果。【二〇分】

◆在與部屬充分討論過以上的目標後，要他們也「依樣畫葫蘆」——訂定他們的目標並沿途驗收。【二〇分】

◆寫出「懸而未決」需做決策的事項。找出其中三項，試著運用決策制定過程的架構以及「六點問題」的方法。【一〇分】

績效

◆依據馬斯洛的理論評估你自己的需求層級。並為部屬找出他們所屬的層級。【一〇分】

◆給部屬他們的跑道，並找出每一個人的績效指標。【二〇分】

◆列出你給部屬不同形式的工作相關回饋。他們是否能藉著這些回饋來測量自己的進度？【一〇分】

◆將你的部屬分為低、中、高工作成熟度三類。評估對某一個人哪一種管理風格會是最適當。並在你的管理風格及最適當的管理風格之間做比較。【一〇分】

◆評估你上一次收到的或你對部屬所做的績效報告。這些報告對增進績效有多大的影響？在上司告訴你報告內容或你告訴部屬時，你們的溝通形式為何？【二〇分】

◆如果有哪一份報告未臻理想，重做。【一〇分】

國家圖書館出版品預行編目資料

葛洛夫給經理人的第一課：從煮蛋、賣咖啡的早餐店談高效能管理之道／ Andrew S. Grove 著；巫宗融 譯 .
二版 . -- 臺北市：遠流， 2013.12
面；　　公分 . --（實戰智慧叢書；422）
譯自：High Output Management

ISBN 978-957-32-7310-3（平裝）

1. 生產管理　　2. 企業管理

494.5　　102022294